面向应用的 Python 程序设计

王立峰　惠新遥　高杉　编著

机 械 工 业 出 版 社

本书以 Python 3.7 版本为编写环境，分为上下两篇，分别为：基础篇——Python 语言程序设计；进阶篇——Python 语言科学计算程序设计。本书的每章内容都包含 Python 程序知识要点、程序语句讲解、例题、功能实现等，力求达到读者能够通过本书实现 Python 语言的入门和进阶，并逐渐掌握程序设计思想的目标。

本书适合软件相关专业的本科生或研究生，以及所有想要学习编程的读者和想要成为职业软件开发者的人群阅读。

图书在版编目（CIP）数据

面向应用的 Python 程序设计/王立峰，惠新遥，高杉编著．—北京：机械工业出版社，2020.11

ISBN 978-7-111-66524-3

Ⅰ.①面… Ⅱ.①王…②惠…③高… Ⅲ.①软件工具–程序设计

Ⅳ.①TP311.561

中国版本图书馆 CIP 数据核字（2020）第 174593 号

机械工业出版社（北京市百万庄大街22号　邮政编码100037）

策划编辑：江婧婧　责任编辑：江婧婧　杨　琼

责任校对：张　薇　封面设计：鞠　杨

责任印制：李　昂

北京机工印刷厂印刷

2021 年 1 月第 1 版第 1 次印刷

169mm×239mm · 11.5 印张 · 219 千字

0 001—1 900 册

标准书号：ISBN 978-7-111-66524-3

定价：79.00 元

电话服务	网络服务
客服电话：010 – 88361066	机 工 官 网：www.cmpbook.com
010 – 88379833	机 工 官 博：weibo.com/cmp1952
010 – 68326294	金 书 网：www.golden – book.com
封底无防伪标均为盗版	机工教育服务网：www.cmpedu.com

前　言

Python 简介

Python 是一门计算机程序设计高级语言，创始人为荷兰人吉多·范罗苏姆（Guido van Rossum）。Python（蟒蛇）作为该编程语言的名字，取自英国 20 世纪 70 年代首播的电视喜剧《巨蟒剧团之飞翔的马戏团》（*Monty Python's Flying Circus*）。

掌握 Python 已经成为大学计算机高级语言教育的基本要求，许多世界知名大学都以 Python 语言作为讲授计算机程序设计的基本语言。在我国，有 Python 语言二级考试标准，很多大学都为本科生开设了 Python 程序设计基础或以 Python 语言为工具的相关课程程序设计实践。

随着人工智能的发展，Python 被称为深度学习、人工智能的基础计算机语言，如 Keras、Theano 等人工智能库都是采用纯 Python 研发。同时，Python 为科学计算、图形绘制、窗口程序、系统仿真计算、Web 开发、网络爬虫和网络游戏等提供软件包支持，使程序设计简便、流畅而"轻而易举"，被戏称为"胶水语言"。

Python 简介

本书以 Python 3.7 版本为编写环境，分为基础篇——Python 语言程序设计；进阶篇——Python 语言科学计算程序设计。

上篇：基础篇

第 1 章：Python 3.7 的安装，Python 库维护软件 conda、pip，以及 Python 的集成开发环境 Pycharm，Python 软件打包工具 Pyinstaller 等。

第 2 章：Python 程序基础，程序格式，变量类型，输出等。

第 3 章：操作符和表达式，变量操作符，变量之间的运算表达式。

第 4 章：程序控制流，判断语句，循环语句等。

第 5 章：函数的自定义，函数的参数等。

第 6 章：Python 模块，模块的引入，常用模块等。

第 7 章：数据对象，列表，元组，字典和数据集等。

第 8 章：面向对象程序设计，class 设计，类构造函数和方法等。

第 9 章：输入和输出，print 函数，input 函数，eval 函数等。

第 10 章：数学库，随机数库和时间库，线程库。

第 11 章：turtle 图形库，画布 canvas，画笔等绘制图形。

下篇：进阶篇

第 12 章：Pyserial 串口库，串口数据读写，线程读数据。

第 13 章：图形界面开发包 wxPython 开发，插件，事件，界面等。

第 14 章：图像操作包 pillow，包含图像加载和其他简单处理等。

第 15 章：数组软件包 numpy，包含初始化，线性代数，矩阵计算等。

第 16 章：绘图软件包 matplotlib，包含曲线绘制，多图绘制，特征图绘制等。

第 17 章：科学计算软件包 scipy，包含插值，微分方程，非线性方程组求解等。

第 18 章：图像处理软件包 opencv 基础，包含图像加载，变形，边界探测等。

本书适合人群

本书主要针对软件相关专业的本科生或研究生，以及所有想要学习编程的读者。想要成为职业的软件开发者需要很长的路要走，学习本书是一个很好的开始。学习完本书，读者将了解到编程的基础知识及技术途径，增强对程序设计的理解，并且能编写一些简单的程序处理工作与生活中的任务。本书力图让读者理解程序设计的过程，而不像编程手册那样面面俱到，内容上只讲概括性的功能实现和方法。

本书的每章内容都包含 Python 程序知识要点、程序语句讲解、例题、功能实现等，力求达到读者能够通过本书实现 Python 语言的入门和进阶，并逐渐掌握程序设计思想的目标。为了帮助读者更好地理解程序设计的过程，本书提供与章节内容配套的视频讲解课程，读者可以通过出版社提供的途径获取视频资料。本书编者才疏学浅，加之时间仓促，书中不免有各种问题和缺点及讲解不清楚或有漏洞之处，还请广大读者见谅，或以邮件方式发送至邮箱 779353185@qq.com 告知，以便改进。

作者

2020 年 6 月

目　录

第 1 章

Python程序与集成开发环境Pycharm

1.1 Python 简介

Python 是一种简单且强大的编程语言，有许多优点，比如，简单高效的高级数据结构，面向对象编程方法，解释性编程语言，快速应用程序交互和部署等。目前 Python 有 Python 2、Python 3 两个版本，Python 3 并不兼容 Python 2 的大多数程序。本书以 Python 3 为主进行介绍，至写作为止，Python 3 已经发展到 3.7.4 版本。

1. Python 特点

（1）简单：Python 程序类似读写英文，尽管是非常严格的程序编写，但其伪代码特性是最大的特长。

（2）易学：简单的语法，可以即时编写，即时查看结果，中学生也可以学习，适合 K–12 教育。

（3）开源：社区型的开源软件，可自由分发，分享知识。

（4）高层次语言：高级语言，不用考虑内存管理等底层的内容。

（5）接口开放：开源特性，可以与多种语言平滑接口；可以在多个平台上运行。

（6）解释性：不用编译，Python 将源代码转换成本地可执行的代码，仅需要将源代码拷贝到其他平台上运行即可，不用考虑编译、链接、运行等操作。

（7）面向对象：Python 既支持面向过程的编程也支持面向对象的编程，是一门简单的 OOP（面向对象编程）语言。

（8）扩展库：Python 标准库非常强大，还有很多更高质量的库。标准库可以实现正则表达、文档生成、线程、数据库、Web 浏览器、CGI、FTP、email、XML、HTML、WAV 文件、GUI 等。

（9）嵌入式：可以把 Python 程序嵌入到 C + + 程序中。

2. Windows 系统下 Python 安装

https：//www.python.org/downloads/上有最新的 Python 安装文件下载，只要安装 miniconda 或 anaconda 软件，其自带最新版本的 Python 解释器；或者到 Python 官网上下载相关版本的 Python 软件，每个版本都有对应的操作系统，目前 Python 解释器可以运行在 Android、苹果操作系统、Linux 操作系统、Windows 操作系统等，因此编写的 Python 软件，只要在 Python 解释器下即可运行。

1.2 软件包管理

Python 拥有强大且众多的支持库，这些库可以使用 conda 或 pip 命令来安装、管理和维护。在 conda 和 pip 的官网站点，还可以搜寻世界各地热心程序员贡献的代码，总有一款适合你自己的程序。

conda 安装软件包的指令：在命令行窗口，install 选项代表在网上资源上寻找相关软件包来执行安装：

conda install softpackage_name

例如：

```
conda install matplotlib
```

卸载软件包：在命令行窗口，uninstall 选项代表卸载。

例如：

```
conda uninstall numpy
```

pip 安装软件包的指令：在命令行窗口执行：

pip install softpackage_name

例如，安装软件包：

```
pip install matplotlib
```

卸载软件包：

```
pip  uninstall numpy
```

1.3 集成开发环境

Pycharm 是 JetBrains 公司开发的针对 Python 的集成开发环境（IDE），正版需要付费，社区研究版本免费，可在 https：//www.jetbrains.com/pycharm/地址下载社区研究版本。

使用 Pycharm 编辑 Python 程序脚本有很多明显的优势，比如代码补足选项、代码错误提示、退格提醒等，比 Python idle 要好很多，且在设置好 Python 解释器后，代码执行更便捷，代码编辑画面更简洁方便。

Pycharm 的开机运行画面如图 1-1 所示，可以创建一个新项目或者打开一个旧项目。

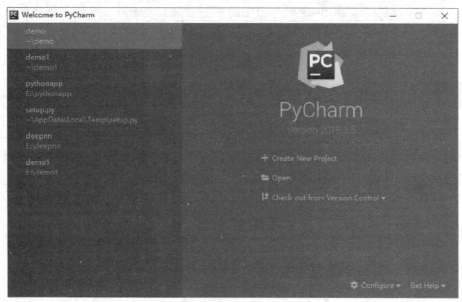

图 1-1　Pycharm 的开机运行画面

　　在开机画面的右下角，单击 configure，弹出 Pycharm 的设置菜单，选中 settings 菜单，进入 Python 设置画面，其中单击 project interpreter，在画面的右侧选择 project interpreter，可以选择 +、− 以选择安装支持库或卸载支持库（见图1-2）。

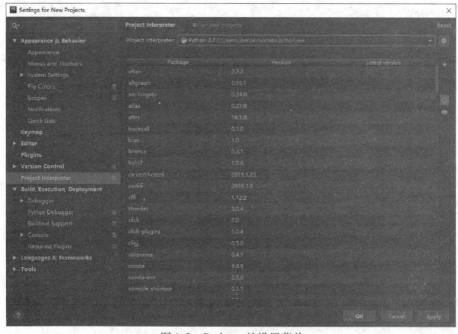

图 1-2　Pycharm 的设置菜单

本书主要使用 Pycharm 来做本书中的例题，其实 Python IDE 还有很多软件，只要学会一个环境，其他都是一通百通。不建议都去学习这些环境，仅仅学习 Pycharm 就可以融会贯通。

1.4 Pyinstaller 打包软件

Pyinstaller 打包文件是将 Python 应用软件及其依赖库打包为一个单个包，用户可以单独运行 app 而不用安装 Python 解释器或模块。Pyinstaller 支持多种平台、多种软件包，包括 Qt4、Qt5、wxPython、matplotlib、Django 等。

安装：用 pip 管理 Python 软件库，在 Python 安装目录下，命令行安装 Pyinstaller 命令如下：

```
pip install pyinstaller
```

基本使用规则：在要打包的目录下，执行命令：

```
pyinstaller  options /youpath/youscript.py
```

Pyinstaller 执行一系列操作，包括分析、记录、创建文件及其目录 dist，并将执行文件写到该目录 dist 下，在软件包 youscript. py 目录，dist 目录创建文件。

其中：options 详细参见目录，－F 为生成单一 exe 文件，－D 生成单一目录绑定的可执行文件，例如，产生一个可执行文件：

```
pyinstaller -F test.py
```

或产生一个相关目录部署：

```
pyinstaller -D test.py
```

第 2 章

Python程序基础

本章主要介绍语句的基本表达和规则。

2.1 语句基础

1. 输出到屏幕

```
print("Hello Chinese")

Print(A)
```

2. 注释

#开头的注释:

```
print("Hello Chinese")  #comments inline code

Print(A)    #output variable
```

3. 字符常量

字符串常量: 双引号, 单引号:

```
"it is literal constants"    #string
'it is literal constants'    #string
```

4. 常数: 整数、浮点数、科学计数表示常数

```
2       #integer

5.12    #float

3.1415926E3    #scientific float
```

5. 多行字符串

三单引号, 三双引号:

```
A='''multi-line string. This is the first line.    #begins of multiline
This is the second line.
"What's your name?," I asked.
He said "Bond, James Bond."
'''    #end of multiline
print(A)
```

这个 Python 语句的输出是：

multi – line string. This is the first line.   #begins of multiline

This is the second line.

" What's your name?，" I asked.

He said " Bond，James Bond. "

程序把嵌入在字符串中的注释语句也输出了，认为在三引号之间的所有字符都属于字符串。

6. 变量与赋值

Python 中变量在使用时不需要声明，直接使用即可，变量的类型完全取决于赋的值是什么，例如：

```
a=2
str="hello"
c='c'
f=3.1415926e2
```

赋值使用等号完成，a = 2，那么 a 就是整数，a 还可以再次赋值为 a = "ABC"，那么变量 a 就是字符串。

2.2　格式化输出

在 Python 中，所有的变量都是对象。字符串作为对象，有 format 方法格式化输出，例如：

```
age = 52
name = 'xiaozuo'

print('{0} was {1} years old in the 2019'.format(name, age))

print('{0} was {1} years old in {1} the 2019 {0}'.format(name, age))

print('Why is {0} playing with that electrical guitar?'.format(name))
```

字符串的 format（name，age）方法，可以用 name、age 变量值替代字符串中的 {0}、{1} 标记，format 参数是列表，下标从 0 开始。可以省略 {} 内的下标，如下：

```
print('{} was {} years old in the 2019'.format(name, age))
print('Why is {} playing with that electrical guitar?'.format(name))
```

或者用字符串替代：注意 format 函数格式的写法：

```
print('{name} was {age} years old in the 2019'.format(name=name, age=age))
print('Why is {name} playing with that electrical guitar?'.format(name=name))
```

Python 3.6 以上支持 f – string，例如：

```
print(f'{name} was {age} years old when he wrote this book')  # notice the 'f' before the string
print(f'Why is {name} playing with that python?')
```

对于小数，格式化输出：1.0/3 格式化输出，保留小数点后 8 位数：

```
print("{0:.8f}".format(1.0/3))
```

对于字符串处理：

```
print("{0:_^11}".format('nihao'))
print("{name}is {instrument}".format(name='xiaozuo',instrument='playing the guitar'))
```

上面的格式化输出：

0. 33333333

__ nihao __

xiaozuo is playing the guitar

注意字符串格式{0:_^11},浮点数格式{0:.8f}

print 函数在输出语句时，都会默认输出后换行，可以用参数 end = ''替代默认的'＼n'，例如：

print("{name} age is ".format(name = name),end = '')
print(age,end = '')

输出为：

xiaozuo age is 52

16 进制输出格式 {0：x}，例如：

```
a=123
print("{0:x}".format(a))
```

输出为：

7b

2.3 特殊字符处理

字符串中含有单引号和双引号时，需要转义字符处理。比如字符串，使用\'
表示单引号，使用 \\ 来转义反斜杠，使用 \ n 代替新行，\ t 来代替 tab 键，
例如：

```
print("{name}\'s age is {age}".format(name=name,age=age))
print("\t the sequence include \' \\ \t end of line,new line begin \n")
```

输出为：

xiaozuo's age is 52

the sequence include ' \ end of line, new line begin

在字符串中的转移字符 \'，\\，\t，\r，\"等，代表字符串中含有'，\ ，tab
键，return 键,"等，例如：

```
print("character:\"\t\\\t\'\"\r")
```

输出：

character:" \ "

原始字符串：

原始字符串 r − string，如：

```
print(r"newlines are indicated by \n")
```

输出：

newlines are indicated by \ n

Unicode 字符串：

u'hello'表示'hello'字符串是 unicode 字符串。

Ascii 字符串：

b'hello'表示'hello'字符串是 ascii 编码方式。

字符串的编码方式：encode("utf − 8")，"ascii"，"utf − 16"，"ISO − 8859 − 1"

asc = u'hello'. encode("ascii")

```
asc = u'hello'.encode("ascii")
print(asc)
```

解码：decode（）

```
strnew=asc.decode("ascii")
```

2.4　变量

变量用于存储数据的内存空间，每个变量在一个区域或局部都有一个变量名，变量名在此区域或局部是唯一的。在 Python 中，变量都是对象，每个变量都有所属类的方法和属性。

标识符命名规则：

1）第一个字符必须是字符或下划线；

2）其他的可以是字符、数字或下划线，也可以是连续的字符串；

3）标识符是大小写敏感的，即 A 与 a，Name 与 name 是不一样的变量；

4）变量赋值，使用等号"＝"，变量类型包括：数字、字符串和对象；

5）自定义数据类型使用 class 定义；

6）对象是自定义的数据类型的变量；

7）特别注意：在 Python 中，所有的变量都可以称为对象，因为 Python 把所有的数据类型都当成 class 来处理，因此声明的变量都是对象 object。

当给变量赋值后，变量才根据数值类型确定变量类型，例如赋值语句：

```
str="character:\"\t\\\t\'\"\r"
print("character:\"\t\\\t\'\"\r")
str=3.1415926
print("{0:0.6}".format(str))
```

程序中 str 变量被赋值 2 次，第 1 次为字符串变量，这个字符串可以有方法，例如 format 等方法。第 2 次为浮点数变量，而且按照浮点数输出，程序结果输出：

character:"　\ '"

3.14159

在 Python 中，变量本质上是一个标签，函数 id（变量名）可以返回该变量的地址，例如：

```
a=123
print("{0:x}".format(id(a)))
```

程序说明：id（a）返回变量 a 的地址，然后按照 {0：x} 格式输出，即按 16 进制数输出。结果为：

f9209d0

注意，这个变量 a 的地址是变动的，不同时间、不同计算机、不同操作系统分配的地址不一样。

2.5 Python 程序举例

```
i=10
print(i)
i=i+1
print(i)
s='''s is multiline
this is second line!'''
print(s)
```

输出：

10

11

s is multiline

this is second line！

程序在 IDE Pycharm 中执行，如图 2-1 所示。

编辑好程序后，单击右上角的箭头。

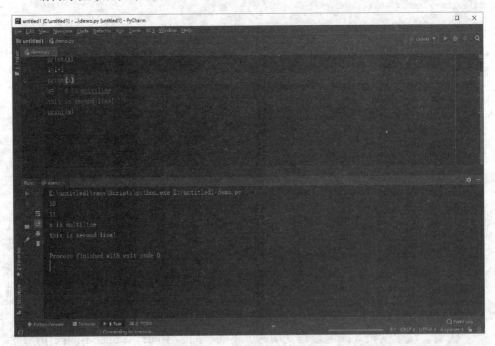

图 2-1　程序在 IDE Pycharm 中执行

程序行：自然结尾，或者使用分号结尾，与 C 语言程序一致，例如：

i = 10；print（i）；

```
i=i+1;print(i);
s='''s is multiline
this is second line!''';print(s);
```

这个程序的输出：

10

11

s is multiline

this is second line!

2.6　空格标志符

在 Python 程序中，空格具有特殊含义，代表程序模块或一组表达式；每行程序的开始如果含有空格，则代表一个模块程序的部分，例如下面程序：

```
i=10;print(i);
 i=i+1;print(i);    #程序前面有一个空格
 s='''s is multiline
this is second line!''';print(s);
```

程序出现错误：

File " E：/untitled1/demo. py"，line 2

i = i + 1；print（i）；

^

IndentationError：unexpected indent

Process finished with exit code 1

在第二行程序中，以空格开始，出现语法错误，也就是说，程序不能随便以空格开始，不能任意标记一个程序块。一般程序块需要 4 个空格来做标记，比如控制流程、函数定义、类定义等都属于程序块。程序块的定义后面会详细讲解。

改正后的程序如下：

```
i=10;print(i);
i=i+1;print(i);
s='''s is multiline
this is second line!''';print(s);
```

2.7 思考题

1）Python 变量名规则是什么？变量和对象是什么关系？

2）Python 中的变量性质是对象吗？在 Pycharm 中体会不同变量对象的属性及方法。

3）Python 中的内置函数 Format 函数是格式化字符串的方法吗？

4）输入的 f – string、r – string 标记有什么区别？

5）Python 程序中，空格的特殊意义是什么？

6）Ca = 0.6786 * nr + 0.2316，nr 分别等于 nr = 0.73 和 nr = 1.1，Ca 的值输出是什么？

7）$M = V/\sqrt{kRT}$，其中：$k = 1.4$，$R = 287.6$，$T = 288.15$，计算取不同 V 值时所对应的 M 的数值。

第3章

操作符和表达式

表达式、操作符、赋值语句是程序设计的基础。

算术操作符

语句表达式，就是操作符对变量和常量的运算；操作符的功能就是代表一类计算。

操作符是类似于加减乘除的运算符；操作数是指具体参与运算的变量或常数。下面的举例中：a=3；b=5；

- +　加：3+5 或 a+b。
- −　减：3−5 或 a−b。
- *　乘：3*5 或 a*b，'la'*3 的结果是'lalala'。
- **　乘方：3**4　等效于 3*3*3*3。
- /　除法：x/y 的真实结果，13/3 结果是 4.33333333333。
- //　除：x/y 结果并舍入，3//4 结果是 0，按整数相除的结果；9//1.81 结果是 4.0，按浮点数相除；−13//3 结果是 −5，按整数相除结果。
- %　除法求余数：如：3%4 结果是 3；13%3 结果是 1；−25.5%2.25 余数是 1.5。

例题：

```
a=13/3
print(a)
a=13//3
print(a)
s='la'*3
print(s)
```

输出结果：

4. 333333333333333

4

lalala（第一个小写）

算术运算符的简写操作：

a ∗ =3　等效于 a = a ∗ 3

a − =3　等效于 a = a − 3

a/ =3　等效于 a = a/3

a + =3　等效于 a = a + 3

3.2　位操作符

- << 　位左移：二进制数左移 1 位，代表这个数乘以 2，左移 2 位代表乘以 4，2 < <3 代表 2 左移 3 位，结果是 8。
- >> 　位右移：二进制数右移 1 位，代表这个数除以 2，右移 2 位代表除以 4，例如：8 > >2 代表 8 的二进制数向右移动 2 位，结果是 2。
- & 　按位与：5&3，二进制表示的 5 与 3 按位进行与操作，结果是 1。
- | 　按位或。
- ^ 　按位异或：5^3，二进制表示的 5 与 3 按位进行或操作，结果是 6。
- ~ 　按位反：二进制数按位进行反操作，~ x = −（x + 1）例如：~5 结果是 −6。

例题：

```
print(2<<3)    #2 左移 3 位
print(~5)      #5 取反
print(5^3)     #5 与 3 进行异或操作
print(5|3)     #5 与3 进行与操作
```

运行结果：

16

−6

6

7

3.3　逻辑比较操作符

- > 　大于：5 >3 返回 true；a > b 返回 false。
- < 　小于：5 <3 返回 false；a < b 返回 true。

- < =　小于等于：5 < =3 返回 false；a < =b 返回 true。
- > =　大于等于：5 > =3 返回 true；a > =b 返回 false。
- = =　等于：x ='str'；y ='Str'；x = =y 返回 false。
- ! =　不等于：a! =b，返回 true。
- not　非，逻辑运算符：x =False；not x 返回 true。
- or　或，逻辑运算符：x =False；y =True；x or y 返回 true。
- and　与，逻辑运算符：x =False；y =True；x and y 返回 false。

例题：

```
a=3;b=5;
print(a<b or a==b)
print(a<b or not a==b)
print(a>b and a==b)
```

输出结果：

True

True

False

3.4　操作符的顺序

操作符优先执行顺序是高等级操作符到低等级操作符，下面是操作符从高等级到低等级的操作符顺序：

- ( )［ ］{ } 括号表示。
- x［index］，x（arguments），x. attribute。
- * * 指数。
- * .//, /, %　乘除法。
- +，-：加减法。
- < <. > >：位移。
- &, ^, ｜ 与或反 按顺序操作，与优先，其次或，再次是取反。
- In, not in, is, is not. < =，<，> =，>,! =，= =　比较操作符。
- not, and，or：这三个符号为逻辑操作符，依次执行非、与、或操作。
- If - else：条件表达式。
- lambda 表达式。

括号具有最高优先级，因此为避免表达式的操作符顺序混乱，最好用括号来表达优先级别的高低。

关于操作符的运算顺序，第 1 级数学运算：括号、属性、指数、乘除、加减；第 2 级逻辑运算：位移、位计算、比较、逻辑操作、语句类。

例题：

```
PI=3.1415926
radius=30
circle=2*radius*PI
print("circle\'s perimeter is {circle}".format(circle=circle))
area= radius**2*PI
print("circle\'s area is {area}".format(area=area))
```

输出结果：

circle's perimeter is 188.495556

circle's area is 2827.43334

又例如：

```
a=3;b=8;c=5;  #a*x**2+b*x+c=0 root?
delta=b**2-4*a*c
if delta >= 0 :
   print("root is {}".format(-b+delta**0.5))
else:
   print("no root for equation")
```

输出结果：

root is −6.0

如果更改 b = 4；那么输出结果是：

no root for equation

注意：这个程序中用到了 if 模块，用于程序流控制。

3.5　思考题

1）算术运算符有哪些？运算符//和% 表达什么意思？计算下面表达式结果：5%3 和 5//3。

2）逻辑比较运算符有哪些？逻辑比较符号与 C 语言的逻辑比较符号是否一致？表达式 3！ =4、4 = =4（3！ =4 and 4 = =4）的结果分别是多少？

3）位运算有哪些？计算下面表达式结果：~3、3 >>2、3 <<1、3&4、3｜5。

4）运算符的顺序如何分类？表达式中括号有什么特殊地位？

第 4 章

控 制 流

程序按顺序执行，当需要跳转、重复等操作时就需要程序流程控制；在 Python 中，有 if 判断、while 循环、for 循环等语句，来控制程序流程。

4.1 if 块

判断条件为真，执行程序块。

```
n=10
if n<=0 :
   print("n less than 0")
elif n<=10 :
   print("n is among 0-10")
else:
   print("n greater than 10")
```

输出：

n is among 0 – 10

注意：if 块程序的对齐方式以及冒号的使用，在 if、elif 关键字后需要逻辑表达式，后面还要加冒号；else 的后面也要加冒号。

if 逻辑判断语句：程序语句

上面的程序如果执行语句不多，也可以写为：

```
n=10
if n<=0 :
   print("n less than 0")
   print("the second line is showing")
elif n<=10 :
   print("n is among 0-10")
   print("n is among between 0~10")
else:print("n greater than 10")
```

注意：对于多行语句，应该使用多行程序执行，对于单行程序，可以选择放在一条程序上执行。另外 elif 和 else 模块都是可选项，在程序只进行一次判断时，如：

```
n=10
if n<=0 :
    print("n less than 0")
    print("the second line is showing")
```

4.2 while 模块

while 语句是判断循环语句，首先判断条件真伪，如果为真，则执行程序块，如：

```
n=10
while n>9:
    print("while loop demo")
    print("while condition is true!")
    n-=1
else:
    print("no true")
```

上面程序是循环 1 次后，执行 else 语句。又例如：

```
n=1
while n<10 :
    print("{} n is less than 9".format(n))
    n+=1
```

程序输出：

1 n is less than 9

2 n is less than 9

3 n is less than 9

4 n is less than 9

5 n is less than 9

6 n is less than 9

7 n is less than 9

8 n is less than 9

9 n is less than 9

Process finished with exit code 0

4.3　for 循环

条件循环 for…in…语句是循环 in 序列，如：

```
for i in range(1,10):
   print("the loop index is {i}".format(i=i))
```

range 函数：range（1，10）产生序列 {1,2,3,4,5,6,7,8,9}，即1~10之间的9个数，循环中变量 i 获取序列中每一个值，进行循环计算；程序输出结果：

the loop index is 1
the loop index is 2
the loop index is 3
the loop index is 4
the loop index is 5
the loop index is 6
the loop index is 7
the loop index is 8
the loop index is 9

list 函数可以列出 range 函数产生的序列，例如：

```
print(list(range(9)))
```

输出结果：
[0,1,2,3,4,5,6,7,8]

注意，函数 range（9）返回的序列含有 0~9 之间的 9 个数，最大数是 8，最小数 0；函数 list、range 非常实用，需要熟练掌握。

4.4　break 语句

程序块中断，如果在循环体中执行 break 则跳出循环或跳出程序块，继续执行原程序：

```
for i in range(0,10):
   print("the loop index is {i}".format(i=i))
   if i==6 :
     break   #break 语句 执行跳出循环体
print(list(range(9)))
```

程序输出：

the loop index is 0

the loop index is 1

the loop index is 2

the loop index is 3

the loop index is 4

the loop index is 5

the loop index is 6

$[0,1,2,3,4,5,6,7,8]$

注意，break 是跳出当前程序块，并没有跳出程序执行。

4.5 continue 语句

continue 语句告诉 Python 忽略其他语句，跳出当前循环，执行下一次迭代循环：

```python
while True :
    s=input("please input string: ")
    if len(s)<3 :
        print("the string too small")
        continue
    else:
        print("input string length is {}".format(len(s)))
        break
print("input string is enough")
```

程序输出：

please input string：ab

the string too small

please input string：nihao china

input string length is 11

input string is enough

上面的程序中使用了 input 函数，该函数从键盘上获取字符串作为函数返回值，因此 `s=input("please input string: ")` 语句，不仅给出提示信息 "please input string:"，还能够从键盘上获取字符串，并将获取的字符串作为返回值，赋值给变量 s。

4.6 思考题

1）程序逻辑控制主要有哪些语句？continue、break 语句与 C 语言中的含义一致吗？

2）程序块的标志是什么？冒号和空格是如何标记程序块的？

3）while 语句与 if 语句的区别是什么？

4）循环语句 for…in…是如何完成循环语句的？编写程序求 1～100 的和。

5）编写程序，求出 $ax^2 + bx + c$ 的解。

6）编写程序，求出 1～100 之间所有的素数并显示出来。

7）编写一个死循环程序块。

8）编写程序，输出乘法口诀。

第 5 章

函　数

函数是可重复利用的程序片段，该片段能够完成特定的功能。可以在程序中任何地方调用该函数，因此简化了程序设计，例如前面用到的 range、len、list、input 等函数。

5.1　函数定义

采用 def 关键字，函数块严格遵守"空格"程序块模式。
例如：

```
def saynihao():
    print("nihao computer world")
    print("this is try of function def")


saynihao()   #首次调用
saynihao()   #再次调用
```

程序输出：

nihao computer world

this is try of function def

nihao computer world

this is try of function def

这段程序定义了一个 saynihao（）的函数，该函数没有返回值，并完成向屏幕输出字符串的任务。使用 def saynihao（）：以冒号作为函数本体的开始，函数本体需要按"空格"规则书写。

5.2　函数的参数

定义的函数可以带参数，参数之间使用逗号分开，注意，函数的虚参是本地变量。在调用函数时，可以通过实参的方式给函数参数赋值，例如：

```
def max(a,b):
   if a>b:
      print(a)
   else:
      print(b)
x=10
y=9
max(x,y)
```

定义函数 max(a,b)，其中 a、b 是函数的参数，因此调用函数是 max(x,y)，将 x、y 的值传给函数 max，然后函数 max 完成输出最大数的任务，程序输出如下：

10

调用函数时，将调用函数的实参数据拷贝给函数的虚参，注意是拷贝，即传递，因此在函数中如果改变了变量值，在函数返回后，并没有改变调用函数的变量值；例如：

```
def exchange(a,b):
   t=a
   a=b
   b=t
    print("calling exchange fun:a={} and b={}".format(a,b))


a=3
b=4
print("before exchange fun:a={} and b={}".format(a,b))
exchange(a,b)
print("After exchange fun: a={} and b={}".format(a,b))
```

本例中，exchange(a,b)对本地变量 a、b 的数值进行了调换，但不影响调用部分的变量值，因此程序的输出结果：

before exchange fun：a = 3 and b = 4

calling exchange fun：a = 4 and b = 3

After exchange fun：a = 3 and b = 4

5.3　本地变量

在函数体中，可以使用本地变量，当离开函数体后，本地变量清空，例如：

```
def func(x):
  print("transfer x is {}".format(x))
  x=2
  print("local variable x is {}".format(x))

x=10
func(x)
```

函数定义 def func（x）：第一个 print 语句，输出的是传递给函数的 x 变量，为本地变量，第二个打印语句，输出的也是传递给函数的虚参 x 变量，为本地变量，只不过重新赋值为 2；当没有指明变量 x 时，本地变量 x 默认为优先。程序输出：

transfer x is 10

local variable x is 2

5.4 全局变量声明

global

在函数中，当使用一个函数外面定义的全局变量时，可以使用 global 来声明：

```
x=10
def func():
  global x
  print("global x is {}".format(x))
  x=2
  print("global x is changed {}".format(x))

func()
```

程序中，在函数 func（）中定义了 global x，因此在函数中使用的变量 x 是函数之外定义的变量。

注意，局部变量如果与全局变量重名，那么就会引起冲突。

程序输出：

global x is 10

global x is changed 2

5.5 函数参数的缺省值

函数参数的缺省值，可以在函数定义时给定。例如：

```
def msg(msg,time=1):
    print("output {} is {} times".format(msg,time))
msg("second",2)
msg("first")
```

函数的参数 time =1，定义了参数 time 的缺省值是 1，程序输出：

output second is 2 times

output first is 1 times

5.6　关键字参数

当调用一个函数时，可能不想给定那么多参数，或者指定参数的值，那么可以使用关键字给定参数方式，例如：

```
def msg(msg,time=1):
    print("output {} is {} times".format(msg,time))
msg(time=2,msg="nihao world")
msg(msg="first msg")
```

在函数调用时，可以采用关键字简写的方式，而且参数顺序可以打乱，但要给定关键字，程序输出：

output nihao world is 2 times

output first msg is 1 times

5.7　函数的可变参数

有时需要函数的参数是可变的，或者传递的参数是变化的，那么函数的参数可以采用可变参数定义，例如：

```
def lisp(a,*num,**tel):
    print(a)
    for single in num:
        print("single is ",single)
    for itm1,itm2 in tel.items():
        print("telephone is ",itm1,itm2)

lisp(10,1,2,3,I=139,U=138,H=137)
```

这个函数中，lisp 函数定义了 3 个参数，第一个参数是普通带缺省值的参数；第二个参数是带 * 的参数，告诉程序这是一个数组元素；第三个参数是带 * * 的参数，告诉程序这是一个字典参数。这里面涉及 2 个概念，一维数组和二维字典概念。因此，程序的输出：

10

single is　1

single is　2

single is　3

telephone is　I 139

telephone is　U 138

telephone is　H 137

如果采用如下形式调用 lisp 函数，那么结果完全不一样，为另外一种形式：

```
lisp(10,(1,2,3),I=139,U=138,H=137)
```

与上面调用 lisp 函数不一样在 (1,2,3)，∗num 会认为 (1,2,3) 是数组的一个元素。即 10 对应 a，(1,2,3) 对应 ∗num 数组，I = 139、U = 138、H = 137 对应字典 ∗∗tel。

程序输出：

10

single is　（1,2,3）

telephone is　I 139

telephone is　U 138

telephone is　H 137

5.8　函数的返回值

函数的返回值需要关键字 return 给函数返回值，例如：

```
def max(a,b):
    if a>b:
        return a;
    else:
        return b;

print(max(10,9))
```

使用 return 给函数定义返回值，程序输出：

10

函数的返回值，可以是多个数的数组或变量列表，注意，可以返回变量列表，那么对于返回多个变量的函数有解决方案。例如：

```
def exchange(a,b):
    t=a
    a=b
    b=t
    print("calling exchange fun:a={} and b={}".format(a,b))
    return a,b


a=3
b=4
print("before exchange fun:a={} and b={}".format(a,b))
a,b=exchange(a,b)
print("After exchange fun: a={} and b={}".format(a,b))
```

注意，在调用函数时，使用 a,b = exchange(a,b) 来给变量 a、b 重新赋值，函数返回 2 个变量。

程序输出：

before exchange fun: a = 3 and b = 4

calling exchange fun: a = 4 and b = 3

After exchange fun: a = 4 and b = 3

注意，函数可以没有返回值，例如上面程序举例，大多没有返回值。

5.9　文档字符串

在函数中使用文档字符串 DocStrings 来说明函数的作用，有一定规范。

```
def print_max(x, y):     #下面定义文档字符串
    '''Prints the maximum of two numbers.DocString demo,
        the first char is Uper,and the end char  is dot
    The two values must be integers.'''
    # convert to integers, if possible
    x = int(x)
    y = int(y)

    if x > y:
        print(x, 'is maximum')
    else:
        print(y, 'is maximum')
print_max(3, 5)
print(print_max.__doc__)     #输出文档字符串
```

首先，文档字符串在函数定义的下面，并且是一个多行字符串，字符串的第一个字符是大写，最后一个字符是 dot。这个文档字符串，采用 print_max. __ doc __参数来表示，因此采用 print（）函数可以输出这个文档字符串。

5.10 思考题

1）函数 def 的函数名字有属性标记吗？__ doc __是函数名字的属性吗？如何表示？

2）函数、函数属性与类、类方法相似吗？Python 定义函数为什么这么不严谨？

3）函数返回值，有几个数？可以是数组吗？

4）函数参数的默认值，如何确定？

5）调用函数时的实参与函数定义的虚参顺序必须一致吗？关键字参数如何确定？

6）函数定义中，数组参数和字典参数如何定义？

7）编写如下函数：pr = inlet（mh），函数关系如下：（总压恢复系数与飞行马赫数的关系）

$pr = 1.0, mh < 1.0$

$pr = 1.00 - 0.075 \cdot (mh - 1.0)^{1.35}, 1.0 \leq mh \leq 5.0$

$pr = 800.0/(mh^4 + 935.0), mh > 5.0$

8）编写如下函数：cp = cpa（T），函数关系如下：（空气定压比热与温度的关系）

$Te = T \cdot 9.0/5.0$

if $Te < 300.0$：$Te = 300.0$

if $Te > 4000.0$：$Te = 4000.0$

$cpa = ((((((1.011554e-25 \cdot Te - 1.452677e-21) \cdot Te + 7.6215767e-18)$
$\cdot Te - 1.5128259e-14) \cdot Te - 6.7178376e-12) \cdot Te + 6.5519486e-08) \cdot Te$
$- 5.1536879e-05) \cdot Te + 2.5020051e-01$

$cpa = cpa \cdot 4185.7666$

9）编写如下函数：cp = cpb（T, fa），函数关系如下：（燃气定压比热与温度的关系）

$Te = T \cdot 9.0/5.0$

if（$fa > 0.067623$）：$fa = 0.067623$

if（$Te < 300.0$）：$Te = 300.0$

if（$Te > 4000.0$）：$Te = 4000.0$

$$cpf = ((((((7.267871E-25 \cdot Te - 1.3335668E-20) \cdot Te + 1.0212913E-16)$$
$$\cdot Te - 4.2051104E-13) \cdot Te + 9.9686793E-10) \cdot Te - 1.3771901E-06) \cdot Te$$
$$+ 1.225863E-03) \cdot Te + 7.3816638E-02$$

$$cpa = ((((((1.011554E-25 \cdot Te - 1.452677E-21) \cdot Te + 7.6215767E-18)$$
$$\cdot Te - 1.5128259E-14) \cdot Te - 6.7178376E-12) \cdot Te + 6.5519486E-08) \cdot Te$$
$$- 5.1536879E-05) \cdot Te + 2.5020051E-01$$
$$cpb = (cpa + fa \cdot cpf)/(1.0 + fa)$$
$$cpb = cpb \cdot 4185.7666$$

10）编写如下函数：cp = cpf(T)，函数关系如下：（燃油定压比热与温度的关系）

$$Te = T \cdot 9.0/5.0$$
if（Te < 300.0）：Te = 300.0
if（Te > 4000.0）：Te = 4000.0
$$cpf = ((((((7.267871E-25 \cdot Te - 1.3335668E-20) \cdot Te + 1.0212913E-16)$$
$$\cdot Te - 4.2051104E-13) \cdot Te + 9.9686793E-10) \cdot Te - 1.3771901E-06) \cdot Te$$
$$+ 1.225863E-03) \cdot Te + 7.3816638E-02$$
$$cpf = cpf \cdot 4185.7666$$

以上函数编写，参见如下：P = Pa(ht) 为大气压力与高度的关系，T = Ta(ht) 为大气温度与高度的关系。

```python
# Define standard atmosphere Temperature ,pressure and density of air
def Ta(H=0.0):
    if H<=11000.0 :
        tm=288.16-0.0065*H
    else:
        tm=216.5
    return tm

def Pa(H=0.0) :
    if H<=11000.0 :
        pm=101325.0*math.pow(1.0-(H/44308.),5.2553)
    else :
        pm=22615.0*math.exp((11000.-H)/6318.)
    return pm
```

第 6 章

模　　块

程序片段的重复使用的最好方式是程序模块化，在 Python 中最简单的创建模块的方式是创建 ". Py" 文件，这个文件包含变量、函数和类的定义。当然模块也可以使用其他原生态语言编写，比如 C 语言等，但这种模块需要编译。

正是因 Python 提供了丰富多彩的模块，Python 社区的程序员活跃度越来越高。接下来介绍如何使用 Python 提供的标准库。

6.1　import 语句

import 语句的通用形式：

import 模块包名（Python 安装中指定的目录下）as 别名（自己起的名字，在引用模块中使用）

其中，模块包名：在 Python 安装中指定的目录下有相关软件包，使用 conda 或 pip 安装。

别名：在引用模块中，简化书写而起的别名。

举个简单的例子：比如产生随机数的例子，引用了 random 模块。

```
import random as rd

for i in range(10):

    print(rd.randint(1, 10))
```

程序输出：

6
10
3
3

```
10
8
1
2
1
5
```

程序输出 1 ~ 10 范围内的随机数 10 次。注意，随机数的输出，每次都不一样。

例如，引入系统模块 sys，程序如下：

```
import sys
print("system parameter as follows:")
for itm in sys.argv:
    print(itm)
print("\n\n The Python path is ",sys.path,'\n')  #print is written as upper
```

程序输出：

system parameter as follows：

E:/untitled1/demo. py

The Python path is['E:\\untitled1','E:\\untitled1',

'E:\\untitled1\\venv\\Scripts\\python37. zip','C:\\Users\\User\\Miniconda3\\DLLs',

'C:\\Users\\User\\Miniconda3\\lib','C:\\Users\\User\\Miniconda3','E:\\untitled1\\venv',

'E:\\untitled1\\venv\\lib\\site－packages','C:\\Users\\User\\Miniconda3\\lib\\site－packages',

'C:\\Users\\User\\Miniconda3\\lib\\site－packages\\Mako－1. 0. 7－py3. 7. egg',

'C:\\Users\\User\\Miniconda3\\lib\\site－packages\\pyfluidsynth－1. 2. 5－py3. 7. egg',

'C:\\Users\\User\\Miniconda3\\lib\\site－packages\\athenacl. egg',

'C:\\Users\\User\\Miniconda3\\lib\\site－packages\\win32',

'C:\\Users\\User\\Miniconda3\\lib\\site－packages\\win32\\lib',

'C:\\Users\\User\\Miniconda3\\lib\\site－packages\\Pythonwin']

说明：import sys 语句将 sys 模块库引入到程序中，其中 sys 是模块名。sys. argv 是一个字符串数组，argv[0]是当前运行的程序名，以此类推是程序运行的参数 argv[1]、argv[2]等，本例运行时，没有给程序运行参数。

sys. path 变量保存系统路径，这就可以直接使用 import 语句引入 sys 模块；

获取当前目录，需要在 os 模块中，通过 import os and print(os. getcwd( ))获取当前目录。当前工作目录与系统目录不一样，系统目录指 Python 系统目录。例如：

```
import os
import sys
print(os.getcwd(),'\n')
```

程序输出：

E：\untitled1 \venv\Scripts\python. exe E：/untitled1/demo. py

E：\untitled1

Python 解释 import 模块很费时间，因此需要将模块编译为 . pyc 模块，这种模块是一个中间文件模块，为节省运行时间，Python 会将每个 . py 文件编译成同名字的 . pyc 文件，但这个文件与平台有关。

6.2　from…import…语句

from…import…语句用来引入模块中的部分子模块，或用来避免使用模块名字，比如 sys. argv 避免写 sys. 那么可以使用 from…import…语句，意为 form 模块中引入 import 子模块，例如：

```
from os import getcwd   # getcwd is directed used
from sys import argv    #argv is directed used
import sys     #lower line sys.path is used
print(getcwd(),'\n')

print("system parameter as follows:")
for itm in argv:
   print(itm)
print("\n\n The Python path is ",sys.path,'\n')   #print is written as upper
```

程序与6.1节的输出一样，但在引入模块和使用模块变量的方法上有些许区别。

6.3　模块的名字属性

在建立模块时，Python 给模块定义了一些默认属性和方法，比如，___ name __是模块的名字属性，用这个属性来识别模块是独立运行，还是被其他模块引用；例如：

```
if __name__ == '__main__':
    print("this program is being run by itself")
else:
    print("this code is import from other block")
```

上面的程序可以独立运行，也可以被其他程序引用。例如上面程序保存为 demo. py，然后重新建立一个 demo2. py 的程序如下：

```
import demo.py

print("import lib is used")
```

运行结果（在运行时，应该将项目的启动程序设置为 demo2. py，然后再运行）：

E:\untitled1\venv\Scripts\python. exe E:/untitled1/demo2. py

demo

this code is imported from other block

import lib is used

注意，Python 工程项目中，可以有多个 . py 文件，程序从哪个 . py 文件开始运行需要进行设置。

6.4　创建自己的 Python 模块

创建模块非常容易，只要将写好的文件以 . py 的形式保存在当前项目目录或者系统目录中即可。模块有默认属性，包括 __ name __ 、__ version __ 等，可以把模块当成类看待，因此可在模块中创建属性，比如模块变量，也可在模块中创建函数，成为方法，这些都可以在模块中使用，例如：

```
print(__name__)
if __name__ == '__main__':
    print("this program is being run by itself")
else:
    print("this code is imported from other block")

__version__ ='0.01'
```

上面的程序保存在 demo. py 文件中，在 demo2. py 中引用 demo，程序如下：

```
import demo
print(demo.__version__)
```

程序运行结果：

demo

this code is imported from other block

0. 01

如果使用 from demo import * 语句也可将 demo 模块中的程序和变量都引入，但不引入__ version __等特殊属性变量。

dir 函数：

Python 的 dir( )函数返回对象、函数或模块的 list 列表，例如：

```
import demo
print(dir(demo))
```

程序将打印出 demo 模块的属性、函数、对象等的列表，如下：

demo

this code is imported from other block

['__ builtins __','__ cached __','__ doc __','__ file __','__ loader __','__ name __','__ package __','__ spec __','__ version __']

模块 demo 中只包含属性，因此把模块的默认属性都输出。

6. 5 package 包

现在我们已经初步了解程序的组织形式，即变量在函数中定义，函数和全局变量在模块中使用，而多个模块可以组织成一个程序包 package。

程序包就是一个目录，目录下有一个__ init __. py 的 Python 文件，表明该目录是 package 目录，该文件中包含 Python 模块的层次信息，而且这个文件是通过 IDE 编辑器来自动维护的。

Python 给我们提供了标准库，这些库中包含了丰富多彩的库函数类等，为我们编写程序提供了高层次平台。这些标准库包括：

os：提供了不少与操作系统相关联的函数。

sys：通常用于命令行参数。

re：正则匹配。

math：数学运算。

datetime：处理日期时间。

6. 6 思考题

1）模块的含义是什么？模块中定义的函数和变量，与类设计中的成员函数和变量类似吗?

2)常用模块都有哪些? 都是做什么的?

3)自己创建模块都要注意什么?

4)引用模块语句 import 与 from…import…语句有哪些区别?

5)引用模块语句中,可以给模块定义别名,例如 import numpy as np,那么如何在引用中使用 numpy 模块?

第 7 章

数 据 结 构

Python 提供了一些特殊功能，可以用于保存特殊的数据集。Python 内建 4 种类型的数据集：list、tuple、dictionary、set，灵活运用这些数据集，将使程序设计快速而稳定。

7.1 list 列表

list 是一种数据结构，保存一个序列（sequence）数据，一般使用中括号[ ]来进行初始化赋值，list 数据结构中的数据可以不是同一类型；可以增加、移除和搜索。

list 实际上是一个对象，可以保存一组对象或类，有 append、remove 等方法来更改 list 保存的数据内容，例如：mylist. append（'an item'），完成 mylist 增加一个数据'an item'。例如：

```
listing=['apple','milk','egg','pork']
print('I have ',len(listing)," items to purchase")

listing.append("beer")
for item in listing:
    print(item,end="")
listing.remove("apple")
listing.sort()
print("\n")
for item in listing:
    print(item,end="")
```

程序输出：

I have 4   items to purchase

apple milk egg pork beer

beer egg milk pork

　　说明：listing 对象赋初值，采用中括号 ［］赋值，中括号是字符串列表，这样 listing 就构成一个 list 数据结构，可以使用 list 提供的方法进行数据操作；sort（）函数将对 list 数据进行排序；remove（）函数，可以指定移除的对象，append（）函数在 list 数据列表的尾部增加新的数据；使用 for 循环，输出 listing 数据结构的每一个元素，例如：函数 range（n）返回的就是 list 数据类。

　　list 数据最大的特点是数据有方法完成排序、增加、移除等操作，元素可以是同类型数据或异类型数据，使用中括号 ［］ 就能够轻松定义，因此在程序中被广泛使用。

7.2　tuple 元组

　　元组最大的特点是一旦初始化后不能修改，而且用括号（　）来进行赋值，一般用来表达常量数组，例如：

```
zoo=('python','snake','tiger','turtle')  #元数据初始化方式（）
print("Number os animals in the tuple zoo is ",len(zoo))
newzoo='monkey','camel',zoo    #tuple 数据初始化的方式
print("Number cage of animals in the tuple newzoo is ",len(newzoo))
print("all animals in the tuple zoo is ",zoo)
print("all animals in the tuple newzoo is ",newzoo)
print("last animals in the tuple newzoo is ",newzoo[2])
print("animals in the tuple newzoo is ",len(newzoo)-1+len(newzoo[2]))
```

　　程序输出：

Number os animals in the tuple zoo is　4

Number cage of animals in the tuple newzoo is　3

all animals in the tuple zoo is　（'python','snake','tiger','turtle'）

all animals in the tuple newzoo is　（'monkey','camel',（'python','snake','tiger','turtle'））

last animals in the tuple newzoo is　（'python','snake','tiger','turtle'）

animals in the tuple newzoo is　6

　　说明：元组初始化采用（），也可以采用数据列表的形式，语句 newzoo =（'monkey','camel',zoo）与 newzoo = 'monkey','camel',zoo 的效果一样；而 len(newzoo)函数返回值却是 3，因为函数 len 只计算元组的长度，元组的类型是可变的，list 数据类型也是可变的。

7.3　dictionary 字典

字典类似地址簿，成对的数据出现在字典里，关键字和数据一一对应，而且是一个数据列表。字典的数据初始化使用大括号，例如：

{key1:value1,key2:value2,key3:value3}

关键字和数值采用冒号：分开，字典中的关键字不能进行排序。例如：

```
dict={'li':'1398726',
     'wang':'873652',
     'zhao':'88803751',
     'yu':'1350123',
     'hang':'1349147'}
print(dict)


for n,t in dict.items():
    print(n,"\'s telephone number is ",t)
del dict['hang']
dict['xiaozuo']="1391166"
print("new dictionary listing")
for n,t in dict.items():
    print(n,"\'s telephone number is ",t)
```

程序输出：

{'li': '1398726','wang': '873652','zhao': '88803751','yu': '1350123','hang': '1349147'}

li 's telephone number is　1398726

wang 's telephone number is　873652

zhao 's telephone number is　88803751

yu 's telephone number is　1350123

hang 's telephone number is　1349147

new dictionary listing

li 's telephone number is　1398726

wang 's telephone number is　873652

zhao 's telephone number is　88803751

yu 's telephone number is　1350123

xiaozuo 's telephone number is　1391166

说明：字典数据 dist 初值的给定采用大括号{　}，内置数据对序列，每个数据对采用冒号：对应；字典对象 dist 中的数据存放在 items( )中，items 是对象的属性；del 语句删掉字典中的数据；增加字典数据，需要给 dist 对象赋值，例如 dist["xiaozuo"] = '1391166'，关键字与数值构成数据对；程序的输出数据中，可以看到字典对象的数据变化。

7.4 sequence 序列

list，tuple，dictionary，string 等都属于 sequence 序列，数组属于序列，序列的最大特点就是索引操作，并允许我们抓取其中成员；list，tuple，string 还允许切取一段操作，但 dictionary 不能使用切断一段的操作，如下：

```
lisp=['li1398726',
    'wang873652',
    'zhao88803751',
    'yu1350123',
    'hang1349147']
str="nihao computer world"
print("the part of dist showing:",lisp[1:3])
print("the part of string str :",str[1:7])
```

输出：

the part of dist showing：['wang873652','zhao88803751']

the part of string str ：ihao c

注意：lisp 对象是 list 类型，str 是 string 字符串类型，他们都是 sequence 类型，因此切取其中一段，可以使用下标范围的形式提取；

下标范围，起始下标：终止下标；如上 1：3，切取位置 1 开始到位置 3 为止，不包括位置 3。

切取一段数据，还可以写为 [::2] 形式，其中 2 代表索引位置数的递增的数量，如下：

```
lisp=['li1398726',
    'wang873652',
    'zhao88803751',
    'yu1350123',
    'hang1349147']

print(lisp[::1])
print(lisp[::2])
print(lisp[::-1])
```

输出：

['li1398726','wang873652','zhao88803751','yu1350123','hang1349147']

['li1398726','zhao88803751','hang1349147']

['hang1349147','yu1350123','zhao88803751','wang873652','li1398726']

  说明：lisp[::1]代表索引数按 1 增加，lisp[::−1]代表逆序增加 1；lisp[::2]代表索引数按 2 增加，因此 print(lisp[::2])输出单数索引元素。

  sequence，dictionary 都作为函数虚参，例如：

```
def fn(lisp, tag):
    for it in lisp:
        print("element is {} ".format(it))
    for (fg,lue) in tag.items():
        print("{} = {} ".format(fg,lue))

lisp=[1,2,3,4,5]
dict={'one':100,'two':200,'three':300}


fn(lisp,dict)
```

  程序说明：在函数 fn 中有 2 个虚参，没有给定具体的类型，但在函数实现中，使用了 sequence，dictionary 概念，而且在函数调用的时候，也给定相应的 sequence，dictionary 参数。

  程序输出：

element is 1

element is 2

element is 3

element is 4

element is 5

one = 100

two = 200

three = 300

7.5 set 数据集

  set 数据集是没有序列的简单对象集序列，使用括号和中括号组合（[]）进行初始化；经常用于测试成员，找出两组 set 之间的交叉部分等，例如：

程序输出：

['li','wang','zhao','yu','hang','xiaozuo']

说明：数据集 lisp=([......])代表一个数据集，将 list 数据集[......]，通过（）转化为 set 数据集；if'li'in lisp 逻辑表达式返回 true 或 false，要看 lisp 数据集中是否有'li'元素，not'li'in lisp 将'li'in lisp 结果取反，即实际结果为 false，因此也不执行 lisp.append('li')，数据集继承了 list 数据的方法。

7.6 string 字符串

字符串是一个特殊的数据集 list，也可看作一个对象，除了有 format 方法以外，还有 find()、startswith()、join()等方法，例如：

```
lisp=(['li','wang','zhao','yu','hang'])

delimiter="_*_"
print(delimiter.join(lisp))   #string has method join

str="Nihao python world"
if str.startswith('Nihao'):
    print("str string begins:Nihao")
if 'python' in str :
    print("str include the python")
if str.find('world')!=-1 :
    print("world exists in string")
```

程序输出：

li_*_wang_*_zhao_*_yu_*_hang

str string begins：Nihao

str include the python

world exists in string

说明：字符串是一个对象，可以使用字符串类提供的方法，包括：find()、join()、startswith()等函数。

7.7 思考题

1）Python 数据集有哪几种类型？括号、中括号、大括号分别代表那些类型？

2）list 数据元素可以是不同类型的吗？list 数据可以有方法吗？都有哪些方法？

3）元组初始化后，能够更改数据内容吗？元组使用什么符号初始化？

4）数据对集用字典 dictionary 表示？字典有排序方法吗？

5）编写程序：建立一个电话号码本字典，并输出电话号码本。

6）字符串是哪种数据集类型？部分输出字符串的形式是怎样的？字符串的方法有哪些？

7）字符串中查找部分字符串，可采用什么方法？

8）编写程序：将一个 list 数据集采用'__'字符串连接起来。

第 8 章

面向对象程序设计

8.1 过程与对象

面向过程设计方法：procedure – oriented，前面的程序都是面向过程的编程，即设计函数以及数据类型的方式来处理程序。大部分程序都可以从面向过程的程序设计出发。

面向对象设计方法：object – oriented，从数据处理角度出发，设计数据处理方法，将数据整合在一个 class 中设计方法。

class 创建一种新型的数据类型，而 object 是采用新设计的类声明的变量实例 instance，在 Python 中所有数据变量本质上都是对象，所有类型都是 class，如：a = int( )；那么 int 就是一个 class，而 a 是一个整形数据对象；实际上，在 Python 中使用变量不用声明类型，只要给变量赋值，那么变量的类型就确定了，而且变量可以重新赋值，编程新的变量类型，这也是 Python 程序的方便之处，不像 C 语言那么严谨。

对象可以保存数据，因为对象类似变量，而且对象可以由 class 定义的方法来处理数据，类需要 class 关键字来声明。

8.2 class 关键字

类声明，遵循程序块的规则，例如：

```
class person:
    #age=19


p=person()
print(p)
```

输出：

< __ main __ . person object at 0x028FE6B0 >

说明：最简单的类定义，使用关键字 class；对象声明 p = person（ ）；使用 person（ ）构造函数在内存中分配地址给对象 p，对象 p 是地址。其中：person 是类，p 是对象，person（ ）是构造函数。

8.3 self 关键字

self 关键字代表对象本身，例如在对象变量定义中，必须使用 self 做变量的范围指定。

对象变量：使用 self 指定的变量就是对象变量，没指定的就是局部变量、临时变量或函数传递过来的变量。

同时，定义类变量，类变量的更改是在所有类声明的对象之间可见的，就是类成员的全局变量，即所有实例化的对象都可以对类变量进行更改，也可以知道类变量的数值。

class 方法定义的时候，与普通函数定义有一个区别，就是 class 方法的第一个参数必须是 self，但在调用类方法的时候不用指定该参数，Python 会自动给定，这个就是特殊变量 self。例如 myclass 类，该类有一个方法 method（self，arg1，arg2），当实例了一个对象 myc，然后 myc 调用了方法 myc. method（arg1，arg2）时，Python 自动转换为 myc. method（self，arg1，arg2），这就是 self 特殊的地方。例如：

```
class demo:
    def __init__(self,x):
        self.x=x
        self.res=x**2+2*x+1
    def showres(self):
        print(self.res)


c=demo(5)
c.showres()
```

程序输出：

36

在上面的程序中，定义 demo 类时，定义了 2 个方法，一个是__ init __（self，x）方法，这个是默认的类初始化方法，即构造函数，函数虚参有 self 和 x，同时 showres（self）中也有 self 虚参，但生成对象 c = demo（5）时，并没有给定 self 变量值，而且在调用 showres（ ）函数方法时也没有给定 self 值。

8.4 methods 方法

class 的方法就是定义一个函数，函数的参数中第一个是 self，而且函数定义符合程序块缩进规则，属于该类的函数也要符合该类程序块的缩进规则。

定义的函数最好局限在处理类成员变量的范畴或处理类变量，这样设计的类具有封装性。

```python
class person:
    def say(self):
        print("Nice to meet you!")
    def answer(self):
        print("You are welcome!")


p=person()
p.say()
p.answer()
```

程序输出：

Nice to meet you!
You are welcome!

8.5　__ init __方法

在 Python 的 class 定义中，有很多特殊意义的方法名字，其中最特别的当属__ init __函数名字。该方法完成类初始化的工作，类似 c＋＋语言构造函数，例如：

```python
class person:
    def __init__(self,na,ag):
        self.name=na;
        self.age=ag;
    def say(self):
        print("Nice to meet you!")
    def answer(self):
        print("You are welcome!")
    def showage(self):
        print("{}\'s age is {}".format(self.name,self.age))

p=person('xiaozuo',28)
p.say()
p.answer()
p.showage()
```

程序输出：

Nice to meet you!

You are welcome!

xiaozuo's age is 28

　　说明：对象的成员变量要使用 self 进行范围说明，因为 class 中变量的定义是根据赋值语句声明的；比如：self. name ,self. age 都说明使用的是对象成员变量，而 na, ag 是 local 变量。在对象声明时，p = person('xiaozuo',28)，要对该对象进行初始化，执行 __ init __(self,na,ag)函数，传递给该函数 2 个参数。

8.6　类和对象变量

　　class variable：类变量是共享的，被所有的声明对象共享，可以被声明的对象变量更改，而且这种变化可以被其他对象实例看到。

　　object variable：对象变量是独享的，是被声明的对象变量独占的，每个声明的对象都有自己的一个变量 copy，他们不能共享，并且与其他变量无关。

　　变量的作用域的例子如下：

```python
class person:
    level=2   #class variable
    num=0
    def __init__(self,na,ag):
        self.name=na
        self.age=ag
        person.num=person.num+1;
    def showage(self):
        print("{}\'s age is {},level={}".format(self.name,self.age,person.level))
    def changelevel(self,lv):
        person.level=lv    #class variable is modified by class name

@classmethod
    def howmany(cls):
"""Prints the num."""      #docsring demo
        print("the instance num is.{}".format(cls.num))

p=person('xiaozuo',28)
p1=person('hang',22)
p.showage()
p.changelevel(1)
p1.showage()
person.howmany()
```

程序输出：

xiaozuo's age is 28, level = 2

hang's age is 22, level = 1

the instance num is. 2

说明：class 变量使用时，必须用 class 名字进行修饰，以确定变量的范围，例如上例中，person. num，person. level 等。在此例中，类变量 level 在使用时，运用 person. level 确定是类变量，那么该变量的作用和功能也就确定了。

类方法 class method　使用修饰符@ classmethod 声明了类方法：def howmany（cls），这里的 cls 与 self 表示一样的意义，在调用 class 方法的时候，直接调用该方法，即：person. howmany（），注意：这个方法中类的实例对象不能调用。

8.7　inheritance 继承

类的继承 inheritance 很累赘，尤其是继承多个类的时候。derived class 或者 subclass 继承与 baseclass 或 superclass，主要的继承方式如下：

```python
class man(person):
    def __init__(self,na,ag,sx):
      person.__init__(self,na,ag)
      self.sex=sx;
    def showage(self):
      person.showage(self)
      print("{}\'s sex is {}".format(self.name,self.sex))

p=man('xiaozuo',28,'male')
p1=man('hang',22,'female')
p.showage()
p.changelevel(1)
p1.showage()
man.howmany()
```

上面的程序继承 class person 类表示为：class man（person）。

程序输出：xiaozuo's age is 28, level = 2

xiaozuo's sex is male

hang's age is 22, level = 1

hang's sex is female

the instance num is. 2

说明：上面的程序继承 class person 类，表示为：class man（person）。在 class

的初始化函数中，使用 person 的初始化函数进行部分初始化，然后再进行 man class 的初始化。在新定义的 def showage（）函数中，重新执行了 person.showage（self）函数，然后再完成其他执行语句。虽然 man 类和 person 类有相同名字的 method 方法，showage(self)，但在 man 类中，仅仅执行 man 类中定义的函数。

上面我们粗略浏览了面向对象方法的各个方面，包括：初始化方法、self、class、cls、method、对象实例化、继承、类变量、类方法、对象方法、对象变量等，面向对象这种程序设计方式，具有很多先进性，深刻理解这些概念对我们进行大型的程序设计很有帮助。

8.8 思考题

1）类变量与对象变量的区别是什么？举例说明。

2）类与对象的关系是什么？self、cls 分别是什么意思？

3）对象初始化函数 __ init __（self, …）是如何初始化对象的？没有定义这个函数，为什么也能初始化这个对象？

4）类的变量作用域是怎样的？对象变量作用域是怎样的？编写程序举例说明。

5）类的继承关系，简单继承声明如何书写？子类和父类是什么关系？

6）对象声明后，还可以增加对象的属性吗？如何增加？增加的属性与类定义的属性一致时会发生什么现象？

7）类程序块中，类方法定义、对象方法定义、类变量定义、对象变量定义分别是什么，他们之间是什么关系？如何区分？

8）面向对象方法与 Python 程序块有何异同？

第 9 章

输 入 和 输 出

9.1 键盘与屏幕

程序与用户交互途径包括：键盘和屏幕、磁盘文件、互联网。

input( )函数从键盘获取数据，键盘输入数据即是函数返回值，可以给 input 函数输入提示语。

print( )函数输出数据到屏幕，有各种演化的形式，参见前面的讲解。

例如：

```
s=input("input data:")
print(s)
```

程序输出：

input data：I am from Beijing

I am from Beijing

说明：input 函数读取进来的数据是字符串，如果要按浮点数处理，需要转换。

又例如：

```
pi=3.1415926
r = input("float f is :")
print(r)
area=pi*float(r)**2
print("circle radius is {} , so area is {}".format(r,area))
```

程序输出：

float f is :6. 35

6. 35

circle radius is 6. 35 ,so area is 126. 6768676135

说明：使用 input 函数读取的数据是字符串，当按浮点处理时，需要使用 float（ ）函数进行转换计算面积，`area=pi*float(r)**2`

当输入整数类型时，使用 int( )进行数据转换，在类设计章中使用的例子修改如下：

```
class demo:
    def __init__(self,x):
        self.x=x
        self.res=x**2+2*x+1
    def showres(self):
        print(self.res)

a=input("please input integer:")
c=demo(int(a))
c.showres()
```

程序运行结果：

please input integer：56
3249

程序中使用了 int(a)，将 input 函数的返回字符串转化为整数。

9.2 文件读取

文件读取：首先需要创建一个对象，然后使用文件对象的 readline（ ），read（ ），write（ ）等函数进行文件操作，最后使用 close（ ）函数关闭文件。例如：

```
peom='''where are you from?
where do you go?
I am from Beijing
I would like to go to the Newyork
'''
f=open('peom.txt','w')    #create the file object
f.write(peom)
f.close()                 #close the file object
f=open('peom.txt')        #create the file object
while True:
    line=f.readline()     #readline one line text from file
    if len(line)==0:      #text length==0
        break
    print(line,end=' ')
f.close()                 #close the file object
```

程序输出：

Where are you from?

where do you go?

I am from Beijing

I would like to go to the Newyork

说明：open 类创建了文件对象 f，然后文件对象使用方法来读写文件。open 创建文件对象，针对文件的操作方式有'w'，'r'，'a'分别为：写、读、追加；同时，还可以有辅助的读写方式，比如，wb'，'rb'，'ab'分别为二进制（binary）读写追加方式，或'wt'，'rt'，'at'分别为文本(text)方式读写追加文件。

在程序中，打开文件后，f = open('peom. txt')，读文件数据时，采用 while 循环进行读数据。由于使用逻辑常量 True，循环是一个死循环，但在循环中进行判断，如果 len(line) = =0，那么读取的数据行为 0，则 break 跳出 while 循环体，然后变比文件 f. close( )。

9.3　pickle 文件操作包

Python 提供 pickle 包，用于存储 Python 对象的数据在文件里，并可以读取数据返回，这称为永久保存对象。例如：

```
import pickle
lisp=['Beijing','Nanjing','shanghai','Guangzhou']


f=open('lisp.data','wb')
pickle.dump(lisp,f)
f.close()
del lisp

f=open('lisp.data','rb')
lispdata=pickle.load(f)
print(lispdata)
f.close()
```

程序输出：

['Beijing','Nanjing','shanghai','Guangzhou']

说明：pickle. dump( )方法完成将对象数据存入文件，而 pickle. load( )方法完成从文件中加载数据。这种方式很有用，特别在保存当前数据时。pickle 不仅能保存数据集数据，也能保存对象数据，同时也能加载对象数据，这样在程序运行中，就可以将数据的中间结果保存到数据文件中。

9.4 unicode 编码

Python3 的变量数据都是 unicode 形式进行编码；这些数据在互联网上传输到另外一台电脑上，需要进行互联网上的通用格式" utf-8" 格式编码，因此在使用 open 类创建文件对象时，就要确认以什么形式进行编码，例如：

```
import io

f = io.open("abc.txt", "wt", encoding="utf-8")
f.write(u"Imagine non-English language here")
f.close()

text = io.open("abc.txt", encoding="utf-8").read()
print(text)
```

9.5 lambda 表达式

lambda 表达式是 Python 中一类特殊的定义函数的形式，使用它可以定义一个匿名函数。与其他语言不同，Python 的 lambda 表达式的函数体只能有单独的一条语句，也就是返回值表达式语句。其语法如下：

函数名字 = lambda 形参列表：函数返回值表达式语句。

例如：

```
add = lambda x, y : x+y

add(1,2)  # 结果为 3
```

输出结果：

3

lambda 表达式就是简单的函数书写，单独的一条语句；又如：

```
li=[{"age":20,"name":"def"},{"age":25,"name":"abc"},{"age":10,"name":"ghi"}]

li=sorted(li, key=lambda x:x["age"])
print(li)
```

如果不用 lambda 表达式，可以使用常规的函数替代：

```
def comp(x):

    return x["age"]
```

```
li=[{"age":20,"name":"def"},{"age":25,"name":"abc"},{"age":10,"name":"ghi"}]

li=sorted(li, key=comp)

print(li)
```

两段程序的运行结果一样：

```
[{'age': 10, 'name': 'ghi'}, {'age': 20, 'name': 'def'}, {'age': 25, 'name': 'abc'}]
```

9.6 异常处理

当程序运行时出现错误，可以使用更为简洁的 with 程序块语句来捕获错误，例如：

```
with Poen(Poem.txt")as f:

    for line in f:

        print(line, end='')
```

错误可以由 try 和 except 语句来处理。那些可能出错的语句被放在 try 子句中。如果错误发生，程序执行就转到接下来的那些处理出错的语句，except 子句处。例如：

```
import math
a = float(input("float a :"))
b = float(input("float b :"))
c = float(input("float c :"))

try :
    r1 = -b + math.sqrt(b ** 2 - 4 * a * c)
    r2 = -b - math.sqrt(b ** 2 - 4 * a * c)
    print("two root is {} and {}".format(r1,r2))
except:
    print("no root is exits")
```

程序运行 1：

float a :1

float b : −2

float c :1

two root is 2. 0 and 2. 0

程序运行 2：

float a :3

float b :4

float c :5

no root is exits

说明：注意 try 与 except 是等效的语句，平行放置。

第10章

常 用 软 件 包

10.1 math 数学包

math 数学包包含常用三角函数、对数、指数，无理数常量 e,pi 等。

1. 常量：math. e　math. pi

```
Import math

print(math.e)
print(math.pi)
print(math.tau)
```

输出：

2. 718281828459045

3. 141592653589793

6. 283185307179586

2. 三角函数和反三角函数

三角函数的参数单位都是弧度，反三角函数的返回值也是弧度。

```
r2d=180/math.pi
x=3.1415926/4
print("sin({})={}".format(x*r2d,math.sin(x)))
print("cos({})={}".format(x*r2d,math.cos(x)))
print("tan({})={}".format(x*r2d,math.tan(x)))
x=1
print("asin({})={}".format(x,r2d*math.asin(x)))
print("acos({})={}".format(x,r2d*math.acos(x)))
print("atan({})={}".format(x,r2d*math.atan(x)))
```

程序输出：

sin(44.999999232382756) = 0.707106771713121

cos(44.999999232382756) = 0.707106790659974

tan(44.999999232382756) = 0.9999999732051038

asin(1) = 90.0

acos(1) = 0.0

atan(1) = 45.0

3. 指数、对数、e 指数

```
x=2.34
print("x=",x," e^x =",math.exp(x))
print("x=",x," lon(x) =",math.log(x))
print("x=",x," x^2.3445 =",math.pow(x,2.3445))
```

程序输出：

x = 2.34   e^x = 10.381236562731843

x = 2.34   lon(x) = 0.85015092936961

x = 2.34   x^2.3445 = 7.338825776733541

其他函数：

```
print(math.floor(2.34))    #舍掉小数
print(math.ceil(2.34))     #进阶小数到整数
print(math.degrees(2.34))   #转换为度
print(math.radians(2.34))    #转换为弧度
print(math.trunc(2.34))    #返回整数部分
print(math.modf(2.34))    #返回小数部分
```

程序输出：

2

3

134.07212406061262

0.04084070449666731

2

(0.33999999999999986,2.0)

注意：最后一个函数 math.modf() 返回值是 2 个参数。

使用 dir() 函数查看所有的函数和变量：

```
import math
print(dir(math))
```

程序输出 math 包中的全部的函数和变量。

10.2　time 时间软件包

Python 提供了一个 time 软件包，用于格式化日期和时间。Python 的 time 模块下有很多函数可以转换常见日期格式。如函数 time. time( )用于获取当前时间戳，如下实例：

```
import time as ti
t=ti.time()
print(t)
print(ti.localtime(t))
print(ti.strftime("%Y-%m-%d %H:%M:%S", ti.localtime()))
```

程序输出：

1573726590. 698412

time. struct_time(tm_year = 2019 , tm_mon = 11 , tm_mday = 14 , tm_hour = 18 , tm_min = 16 , tm_sec = 30 , tm_wday = 3 , tm_yday = 318 , tm_isdst = 0)

2019 − 11 − 14 18：16：30

说明：程序在引进 time 包时起了一个别名 ti；程序中使用了 t 变量，给 t 赋值为 ti. time ( ) 获取当前时刻的时间戳，这个时间标记是与 1970 年的时刻相减，用双精度浮点数据表示，因此输出时，显示数据很大；当将这个时间按照本地时间格式输出时，就显示一个时间结构变量；这个时间结构变量，需要按照我们看懂的格式显示出来，那么就要设置显示格式 strftime，参见程序和输出数据。

另外一个最常见的函数 time. sleep(n)，能够让系统暂停 n 秒，这里 n 可以是浮点数；time. perf_counter( )函数返回当前程序运行的时间，time. localtime( )将时间转化为本时区时间。

例如：

```
t=time.strftime('%Y-%m-%d',time.localtime(time.time()))
print(t)

print("running begins:{}".format(time.perf_counter()))
time.sleep(3)
print("running stops: {}".format(time.perf_counter()))
```

程序输出结果：

2020 − 04 − 24

running begins：0. 4769406

running stops：3. 478008

10.3 random 随机数软件包

random 包用于生成伪随机数。

random（）方法返回随机生成的一个实数。

例如：

```
import random as rd

print(rd.random())  #0-1 range float

print(rd.randint(0,10))  #0-10 range integer

print(rd.uniform(-0.5,0.5))  # uniform distribution -0.5-0.5 random float

print(rd.choices('nihao, i am from beijing'))   #random choose charactor in string

str=[0,1,2,3,4,5,6,7,8,9]
rd.shuffle(str)   #arrange the string in random
print(str)
```

输出：

0. 21403243090624924

0

0. 24912564632046263

['b']

[2,6,8,0,9,3,1,5,4,7]

　　说明：random()返回 0～1 之间的小数；randint(0,10)返回 0～10 之间的整数，参数可变；uniform(-0.5,0.5)返回 -0.5～0.5 范围内的正态分布随机数；choices('......')返回给定字符串中随机选取的某一个字符；shuffle(str)将数据集重新随机分布。

10.4 os 操作系统软件包

os 模块提供了非常丰富的方法用来处理文件和目录。

Python os. path()模块

```
import os
cd= os.path.curdir
print(cd)
cd=os.path.abspath(os.path.curdir)
print(cd)
str= cd +'\\atrgy.py'
```

```
print(str)

print(os.path.basename(str))
print(os.path.dirname(str))
[s1,s2]=os.path.split(str)
print([s1,s2])
print(os.path.join(s1,s2))

path="d:"
cr=os.getcwd()
print(cr)

os.chdir(path)
print(os.getcwd())
```

输出：

```
.
E:\ATR-modeling
E:\ATR-modeling\atrgy.py
atrgy.py
E:\ATR-modeling
['E:\\ATR-modeling', 'atrgy.py']
E:\ATR-modeling\atrgy.py
E:\ATR-modeling
D:\
```

说明：os. path 包、文件和路径的操作，例如：os. path. curdir 返回当前目录"."，abspath（）返回当前绝对路径，这个函数要给定相对路径下的文件名；str = cd + "\\atrgy. py"是字符串连接，使用 + ，但后面的字符串中因为含有" \ "，因此使用了转义字符形式" \ \ "；同样，当知道一个完成文件路径后，可以使用 basename( )获取字符串中的文件名，dirname( )获取当前目录，Split( )将目录与文件名分开，并返回字符串集；可以使用 join( )函数将目录与字符串连接起来。

获取当前工作目录 os. getcwd( )函数，os. chdir(path)将当前目录切换到 path 指定目录。

10.5　threading 多线程软件包

Python 中的 threading 多线程软件包提供线程相关操作，线程是应用程序中的最小单元。线程软件包提供的类包括：Thread, Lock, Rlock, Condition, Event,

Timer,Local 等。

threading 类方法和属性：

threading. currentThread()：返回当前的线程变量。

threading. enumerate()：返回当前正在运行的线程列表。

threading. activeCount：返回在运行的线程数量。

threading. TIMEOUT_MAX：设置 threading 全局时间。

线程实例：

Thread(target = None, args = (), kwargs = {})。

getName()获得线程名字;setName(name)设置线程名字。

isDaemon()获取线程模式;setDaemon()设置线程模式, 1 为后台, 默认为 0 前台。

target 为要运行的线程函数, args 为运行的函数参数列表, kwargs 为线程参数。

方法：

isAlive()返回线程是否运行。

start()线程准备就绪, 等到 cpu 调度。

join()阻塞当前上下文环境的线程, 直到调用此方法的线程终止或到达指定的时间。

例题：

```python
import threading as th
import time


def demo(m):
    print("threading demo(sleeping seconds):{}".format(m))
    print("the thread caption is:{}".format(th.current_thread().getName()))
    time.sleep(m)
    return


start=time.perf_counter()
threads = []
for i in range(5):
    threads.append(th.Thread(target=demo,args=(i,)))    #线程任务
for t in threads:
    t.setDaemon(True) #设置后台
    t.start() #线程任务执行
```

```
time.sleep(1)
end = time.perf_counter()
lng=end-start
print("python code running time is:{}".format(lng))
```

程序说明：期望执行线程的函数 demo（m），在这个函数中，完成打印字符串并暂停程序 m 秒；在主程序中，在线程中加入 5 次调用 demo（m）的任务；然后在后台分别去执行线程任务；计算从程序开始到程序结束的时间长度。

程序输出：
```
threading demo(sleeping seconds):0
the thread caption is:Thread-1
threading demo(sleeping seconds):1
the thread caption is:Thread-2
threading demo(sleeping seconds):2
the thread caption is:Thread-3
threading demo(sleeping seconds):3
the thread caption is:Thread-4
threading demo(sleeping seconds):4
the thread caption is:Thread-5
python code running time is:1.0032617
```

lock 类：

全局的随机调度指令，线程之间的随机调度，一个线程在执行 n 条后，cpu 可能要执行其他线程；为了在多个线程同时操作内存中的一个变量资源时不产生混乱，这时我们就要使用 lock.lock，它包含 2 种状态，即锁定状态和非锁定状态。

rLock：可以被同一个线程多次调用的同步指令，是局部的线程内使用，使用 acquire（）启动锁定，release（）方法解除锁定。

例如：
```
import threading as th
import time

lock=th.RLock()    #lock new
gnum=0
def demo(m):
    time.sleep(m)
    global gnum
    lock.acquire()    #lock
    gnum+=m
    print("global variable gnum={}".format(gnum))
```

```
    lock.release()    #rlock
    return

start=time.perf_counter()
threads = []

for i in range(5):
    threads.append(th.Thread(target=demo,args=(i,)))
    threads[i].start()

time.sleep(1)
end = time.perf_counter()
lng=end-start
print("python code running time is:{}".format(lng))
```

程序首先创建一个锁，lock = th. RLock( )。然后在进行 gnum + = m 计算时，在之前进行了锁定 lock. acquire( )，gnum + = m 计算之后接触锁定 lock. release( )。

程序输出结果：

```
global variable gnum=0
global variable gnum=1
python code running time is:1.0035473000000001
global variable gnum=3
global variable gnum=6
global variable gnum=10


Process finished with exit code 0
```

event：事件

event 类，实现一个线程通知事件，其他线程等待事件，event 内置一个初始为 false 的标志，调用 set( )方法时，标志设为 true，调用 clear( )时重置为 false，wait( )方法为等待标志重置。

例如：

```
import threading as th
import time

ev=th.Event()

def demo(m):
    print("demo process id is {}".format(m))
```

```
    ev.wait()
    print("demo process id={} is continue".format(m))
    return

threads = []
for i in range(5):
    threads.append(th.Thread(target=demo,args=(i,)))
    threads[i].start()
print()
print("python multi thread running event wait demo ")


ev.set()
```

首先生成一个 event 对象 ev = th. event( )；在将要执行的线程函数中，增加 ev. wait( )语句，等待线程事件再执行，然后在主程序中创建 5 个线程，在执行这 5 个线程过程中，由于执行了 ev. wait（ ）线程都在等待线程事件，等主程序执行完 ev. set( )后，事件标志为 true，那么 5 个线程继续执行。

程序输出结果：

```
demo process id is 0
demo process id is 1
demo process id is 2
demo process id is 3
demo process id is 4


python multi thread running event wait demo
demo process id=0 is continuedemo process id=1 is continuedemo process id=3 is continuedemo
process id=2 is continuedemo process id=4 is continue
```

timer 类：

定时器，thread 派生类，用于指定时间后调用一个函数方法，其构造方法：timer(interval,function,args = [ ],kwargs = {})

interval 为指定等待时间，单位为秒，待指定函数 function，args/kwargs 为函数参数列表。

例如：

```
import threading as th
import time


def demo(m):
```

```
    print("time delay is {} seconds".format(m))
    return
threads = []

for i in range(5):
    threads.append(th.Timer(5-i,demo,args=[i]))
    threads[i].start()
```

执行函数分别为 4s,3s,2s,1s,0s 后执行程序。

运行结果:

```
time delay is 4 seconds

time delay is 3 seconds

time delay is 2 seconds

time delay is 1 seconds

time delay is 0 seconds
```

10.6 思考题

1) 编写程序计算: $\sin(x) + \cos(2x) + \sin(3x)$,其中 x 为 $0 \sim \pi$ 之间的随机数。

2) 编写程序计算:分别显示当前时间和当前日期。

3) 编写程序计算: $x^2 + 2x + 1 + x^{0.5}$, $x = [0:4:0.2]$ 之间按步长 0.2 均匀分布数组。

4) 编写程序计算:返回当前目录,将数据集 range(10)保存在当前目录的 range. txt 文件中,同时再次加载该文件。

5) 定义 2 个函数,分别在 2 个函数中更新一个全局变量,线程执行 2 个函数,看全局变量的变化和那个函数更改的信息。使用 rlock 锁概念。

6) 编写一个 5s 后执行的函数,使用线程 threading. time 类。

第11章

turtle 绘图包

11.1 turtle 绘图动画

turtle 是一个动画显示绘图过程的图形包，通过虚拟的 turtle 编程，在屏幕上移动 turtle，留下移动痕迹，或直线或曲线，最后显示出最后的图形。例如：

```
import turtle as t

t.forward(200)
t.left(90)
t.forward(100)
t.left(90)
t.forward(200)
t.left(90)
t.forward(100)

t.done()
```

程序解释：首先引入 turtle 绘图库：

Import turtle as t

然后 turtle 向前（当前方向）移动 200，t. forward(200)；然后左转 90 度，t. left(90)；再前进 100 单位 t. forward(100)，再左转 90 度；再前进 200，t. forward (200)；再左转 90 度，再前进 100，最后画面停留下来 t. done()；注意 forward( ) 指当前方向，默认是向右方向；程序运行的画面结果，如图 11-1 所示。

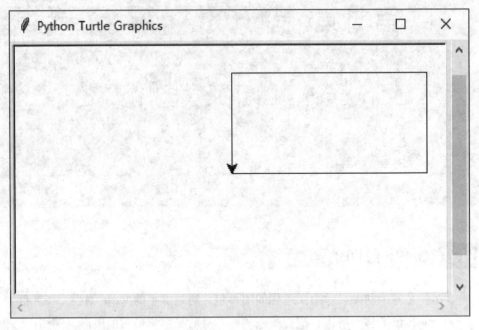

图 11-1　运行结果

11.2　色彩与线宽

将上面的程序加进绘图笔宽度设置和绘图笔色彩，程序如下：

```
import turtle as t
import random as rnd

for i in range(200): # this "for" loop will repeat these functions200 times
    red = rnd.randint(0, 30) / 100.0
    blu = rnd.randint(50, 100) / 100.0
    grn = rnd.randint(0, 30) / 100.0
    t.pencolor((red, grn, blu))
    t.width(i/100 + 1)
    t.forward(i)
    t.left(100)

t.done()
```

程序解释：t. pencolor((red,grn,blu))用于设置绘图笔色彩，参数是色彩参数，由 3 个元素组构成；设置画线宽度，t. width()函数，参数给定线性宽度；

程序中使用了随机数库 random 中的 randint( ) 函数，这个函数有 2 个参数，定义整数随机数的范围。程序运行结果如图 11-2 所示。

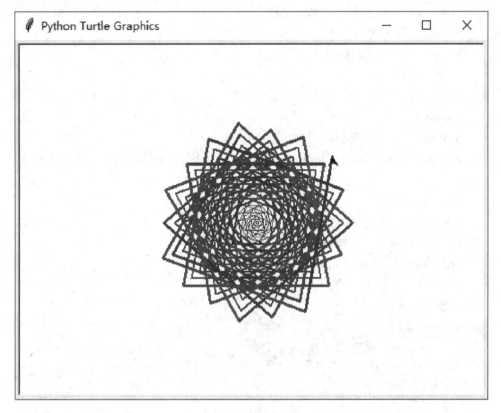

图 11-2　运行结果

11.3　turtle 库函数

1. 方位函数

penup( )　抬笔。

pendown( )　落笔。

goto(x,y)　参数：x，y 为目标坐标点，原点是屏幕中心，并且向右方 x 正，向上 y 正。

circle(radius)　在当前点绘制圆，半径为 radius。

right(degree)　右转 degree，单位为度。

left(degree)　左转 degree，单位为度。

forward( )　向当前画笔方向移动 DISTANCE 像素长度。

backward( )　　向当前画笔相反方向移动 DISTANCE 像素长度。

setheading(degree)　　设置方向 degree 度，逆时针方向旋转，右侧为 0 度。

write(str)　　在当前位置输出字符串 str。

undo( )　　取消最后一个绘图动作。

home( )　　返回到起始点。

2. 绘图方式

pendown( )

penup( )

pensize( )　　设置绘制线宽度。

pencolor( ), pencolor(color), pencolor((r, g, b)), pencolor(r, g, b) 设置线色彩。

clear( )　　清屏。

reset( )　　抹去绘制的线。

fillcolor(color)　　设置填充色彩，color。

begin_fill( )　　开始填充。

end_fill( )　　填充结束。

例题：

```
import turtle as t

t.fillcolor((0.8,0.5,0.2))  # 设置填充色彩, color
t.begin_fill() #开始填充
for i in range(4):
    t.forward(100)
    t.right(90)

t.end_fill()    #填充结束
t.done()
```

程序说明：使用填充函数 t. begin_ fill ( )，然后要有结束 t. end_fill( )，并要之前确认填充的色彩 t. fillcolor((0.8,0.5,0.2))，这里的色彩 rgb 值都应在0 ~ 1 范围内。程序运行结果，如图 11-3 所示。

3. 动画函数

stamp( )　　在当前点留下 turtle 图标。

tracer( )　　动画轨迹。

4. 监听事件

Listen( )　　开始监听键盘事件。

Onkey(fun, 'ke'y')　　键盘键值事件，参数 fun，函数名字，key 键入的键盘

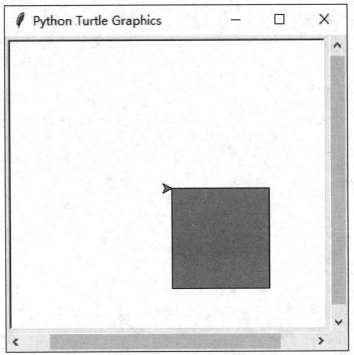

图 11-3　程序运行结果

标记。

　　Onkeypress( )　　键盘事件。

　　Onclick( )　　鼠标点击事件。

　　Ontimer( )　　时钟事件。

5. 屏幕属性

bgcolor( )　　背景色。

title(str)　　设置屏幕标题，在标题栏处显示 str 字符串。

Screensize(w,h)　　设置屏幕宽 w 高 h。

window_height( )　　返回屏幕高 h。

window_width( )　　返回屏幕宽 w。

listen( )　　倾听窗口消息。

　　例如：

```
import turtle as t

def up():
    t.setheading(90)
    t.forward(10)

def down():
```

```
        t.setheading(270)
        t.forward(10)

def left():
        t.setheading(180)
        t.forward(10)

def right():
        t.setheading(0)
        t.forward(10)

t.stamp()
t.tracer()

t.bgcolor((0.3,0.3,0))
t.title('turtle is crawing')
t.screensize(t.window_width()/2,t.window_height()/2)

t.listen()

t.onkey(up, 'Up')
t.onkey(down, 'Down')
t.onkey(left, 'Left')
t.onkey(right, 'Right')

t.onkey(up, 'w')
t.onkey(down, 's')
t.onkey(left, 'a')
t.onkey(right, 'd')

t.done()
```

程序说明：定义 4 个函数，分别完成上下左右功能，然后设置串口的背景色、标题栏、窗口大小等；listen( )后，既要监听窗口事件，又要设置窗口键盘键值事件，onkey(fun, 'key')，将 key 键值与函数 fun 绑定。程序运行结果如图 11-4所示。

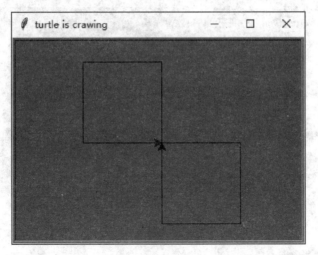

图 11-4　程序运行结果

11.4　思考题

1）绘图时需要考虑哪些因素？线性、色彩、宽度、方向、距离、画布都如何设置？

2）绘制图形时如何与键盘交互？采用键盘交互方式如何绘制一个梯形？

第12章

串 口 通 信

12.1 串口软件包

串口是微型计算机与设备之间最为常用的通信端口，跨操作系统平台，如 Linux 和 Windows，支持的串口通信的 Python 软件包 Pyserial，实现串口通信。

安装：Python 提供的 Pyserial 软件包使用 pip 管理。

```
pip install pyserial
```

或使用 conda 管理软件包。

```
conda install pyserial
```

在使用 Pyserial 软件包的 Python 程序中，需加如下引用：

```
import serial
```

例如样例程序，创建串口：

```
import serial

sr=serial.Serial("COM3")
print(sr.name)
sr.write(b'hello windows serial port')
sr.close()
```

程序输出：

COM3

Process finished with exit code 0

1. 串口对象创建的多种方式

```
sr=serial.Serial("COM3")
```

创建 COM3 串口，波特率 19200，溢出时间 1s

```
sr=serial.Serial('COM3', 19200, timeout=1)
```

创建 COM3 串口对象 1，波特率 38400，溢出时间无限制

```
sr = serial.Serial('COM3', 38400, timeout=0,
parity=serial.PARITY_EVEN, rtscts=1)
```

串口对象创建举例：

```
sr = serial.Serial()
sr.baudrate = 19200
sr.port = 'COM3'
print(sr)
sr.open()  #打开串口，串口打开是独享的，一旦打开其他程序不能打开
```

```
print(sr.isOpen())      #isOpen()串口打开标志
sr.close()
```

程序输出：

```
Serial<id=0x21ead30,     open=False>(port='COM3',     baudrate=19200,
    bytesize=8, parity='N', stopbits=1, timeout=None, xonxoff=False,
    rtscts=False, dsrdtr=False)
```
True

2. 串口对象属性

名字：name，串口名字，在 Windows 下为"com1"，"com2"等。

波特率：baudrate，串口数据传输频率。

串口：port，串口号。

溢出时间：timeout，串口读取数据的时间限制。

字节大小：bytesize，数据传输的位数，一般为 8 位。

优先检查：parity，数据检查优先级。

停止位：stopbits，数据传输是否有停止位标志。

3. 串口对象方法

打开串口：open，打开串口，串口打开是独享方式，串口一旦打开不能被其他程序再打开。

关闭串口：close，关闭串口。

串口缓存字节数：inWaiting（）方法返回串口缓存字节数据。

串口写：write（b 'hello')   b'hello' 字符串按 acsii 编码发送给串口。

串口读：

串口读取 m 个字符：read（m），

串口读取一行数据：readline（），字符串带有行标记'\ n'或'\ r'或'\ 0'；当没有读到行字符的结束字符时，这种读取字符串方式容易引起堵塞。

12.2 读写数据

打开串口时会分配一块内存，用于存取串口接收和发动的数据，内存大小可以设置。对于从串口读数据：保持串口缓存的数据不溢出，就需要尽快及时地读取串口数据，读取数据有 2 种方式，read（m），一次性读取 m 个字符；或者 readline（）一次性读取 1 行数据；

例如：

```
sr=serial.Serial('COM5', 19200, timeout=1)
#sr.open()  串口在创建时，就已经打开了，不需要再次调用 open()方法
if sr.isOpen() :          #判断串口状态
   num = sr.inWaiting()  #检查串口缓存中是否有数据
   if num > 0:
     data = sr.read(num).decode(encoding="utf-8")
```

上面程序中，先创建串口对象 sr，后判断串口是否打开，如果打开，则检查串口缓存中是否有数据，如果有数据就采用 read（）函数读取出来。

串口读数据比较复杂些，因为只有程序执行到读取数据的时候才去检查串口，这样对于串口数据的实时读取是有问题的，需要进行线程读取串口数据。

向串口写数据：write（data）向串口写数据，在写数据时，如果写数据到下位机，则需要将数据进行编码，一般编码方式为 ascii 码，在 Python 中的字符串 b'hello world'中的字符串编码方式 b'代表编码方式，或者 encode 方法编码。

例如：

```
sr=serial.Serial('COM5', 19200, timeout=1)
#sr.open()
if sr.isOpen() :
   num = sr.inWaiting()
   if num > 0:
     data = sr.read(num).decode(encoding="utf-8")

asc = u'hello'.encode("ascii")
if sr.isOpen():
   sr.write("hello serial com5".encode("ascii"))  #发送数据编码处理
```

这个程序延续上面的程序，首先创建串口对象，后串口数据读取，然后向串口写数据时，判断串口状态，在使用 write（data）方法时，对发送的字符串进行了编码处理。

12.3 一个串口类——线程读数据

只有执行到读取串口数据的程序时，程序才读取串口数据；如果串口不断地在接收数据，或串口不定时接收数据，而不读取数据，那么会引起串口缓存溢出，因此需要当串口数据来到时发生一个事件，然后调用读取串口数据程序。

下面介绍如何在串口接收到数据后，发生一个事件信号，然后来读取数据。

首先串口接收到数据，用 inWaiting（）判断，返回值大于 0 则有数据；其次，要用同一个线程不断执行判断串口是否有接收数据，如果有数据就调用执行接收数据的函数。

```python
import time
import serial
import threading

class COM(object):
    def __init__(self, Port="COM3", BaudRate="19200", ByteSize="8",
Parity="N", Stopbits="1"):
        self.port = Port
        self.baudrate = BaudRate
        self.bytesize = ByteSize
        self.parity = Parity
        self.stopbits = Stopbits
        self.threshold_value = 1
        self.receive_data = ""

        self.com = serial.Serial()

    def open(self, timeout=2):
        self.com.port = self.port
        self.com.baudrate = self.baudrate
        self.com.bytesize = int(self.bytesize)
        self.com.parity = self.parity
        self.com.stopbits = int(self.stopbits)
        self.com.timeout = timeout

        if self.com.isOpen() is False:
            self.com.open()
```

```python
    def close(self):
        if self.com:
            self.com.close()

    def write(self, data):
        if self.com.isOpen() :
            self.com.write(data)

    def receive(self, data):
        tData = threading.Thread(target=self.onreceivedata,
args=(data,))
        tData.setDaemon(True)
        tData.start()

    def onreceivedata(self, data):
        while True:
            if self.com.isOpen():
                try:
                    number = self.com.inWaiting()
                    if number > 0:
                        data = self.com.read(number).decode("utf-8")

                        print("num:{} data:{}".format(number,data))
                        time.sleep(0.01)
                except Exception as e:
                    self.com = None
                    break

if __name__ == '__main__':
    myserial = COM()
    myserial.open()
    time.sleep(1)
    myserial.write("hello serial com3".encode())
    data=""

    myserial.receive(data)

    print("received data from serial port :{}".format(data))
```

```
count = 0
while True :
    print("Count: {}".format(count))
    time.sleep(1)
    count += 1
```

首先：

串口类 com，属性 com 是一个串口对象，在创建时就已经打开串口；

open（）方法用于打开串口；

close（）用于关闭串口；

write（data）方法，写数据到串口，注意 data 是编码好的数据；

Receive（）方法，是一个线程读取数据的方法，一旦调用该函数，则创建线程，单独执行串口数据；

onreceivedata（data）方法，是读取串口数据的函数，读取的数据放在 data 变量中，并且处理数据，print（"num：{} data：{}".format（number, data）），如果程序没有终止，则这个处理数据的程序一直在运行；

在主程序中，创建一个 myserial 串口对象，打开串口，向串口写数据，并读取串口数据，最后程序进入计数阶段，程序没有终止，那么就一直在接收监控串口的数据。

程序运行结果如下：

```
......
num:0 data:
num:0 data:
num:0 data:
num:0 data:
num:0 data:
Count: 9
num:0 data:
num:0 data:
num:0 data:
num:0 data:
......
```

12.4 思考题

1）串口读取数据时，为什么需要线程？

2）串口写数据时，为什么要进行编码处理？

3）使用串口软件包 Pyserial 创建串口对象时，打开串口了吗？什么情况下是打开的？

第13章

Windows 界 面 开 发

尽管 Python 是解释性语言，但也能够开发 GUI 界面，许多优秀的程序从 Python GUI 编程开始。Python 的软件包 Tkinker，就是做图形界面的软件包，由 Python 内部的 Tcl 解释器实现 Tkinker，其优势是时间久远，接受度高。

以下是几种图形界面软件包简介：

wxPython：跨平台的 GUI 工具集，wxWidgets（C + +）的包装，比较流行，平台性能好。

PyGTK：对 GTK + GUI 包装，Tkinker 的替代品，特点：Linux 上很好，但 Windows 表现不佳。

PyQt：Python 跨平台 GUI 工具集 Qt 包装，特点：通过插件实现。

PySide：Python 跨平台 GUI 工具集 Qt 包装，捆绑在 Python 当中，特点：捆绑，Qt 工具集，具有长期支持能力。

本章使用 wxPython 作为图形界面开发工具包，其 4.0 版本开源并且具有跨平台特性，语言的结构更易被程序员接受。

13.1 wxPython 程序包安装

1. 软件包安装

使用 pip 安装

Pip install wxpython

成功安装：Successfully installed Pillow − 6. 0. 0 wxpython − 4. 0. 4

2. 最简单的测试程序

```
import wx

app = wx. App( )

frm = wx. Frame( None, title = " hello world" )

frm. Show( )
```

app. MainLoop( )

程序解释：引入 wx 软件包，就是 wxPython 软件包；生成图形界面应用程序对象 app = wx. App（）；声明一个窗体对象 frm = wx. Frame（None，title = "hello world"）；窗体对象显示 frm. Show（）；执行应用程序 app 对象的消息循环，app. MainLoop（）。程序运行结果如图 13-1 所示。

图 13-1　wxWindows 画面

3. 稍微复杂些 GUI 程序

```
import wx

class HelloFrame( wx. Frame) :
    """
    A Frame that says Hello World    :docstring
    """

    def __init__(self, * args, * * kw) :
        # 父类构造函数先调用
        super( HelloFrame, self). __init__( * args, * * kw)

        #在 frame 窗口上创建 Panel 对象
        pnl = wx. Panel( self)

        # 在 Panel 对象上创建一个静态文本对象
        st = wx. StaticText( pnl, label = "Hello World!", pos = (165,25))
        font = st. GetFont( )    #获取 Font
        font. PointSize + = 10
        font = font. Bold( )
        st. SetFont( font)        #设置 Font
```

```python
        # 创建一个菜单，类方法
        self.makeMenuBar()

        # 创建一个状态条，类方法
        self.CreateStatusBar()
        self.SetStatusText("Welcome to wxPython!")

def makeMenuBar(self):
    # 创建菜单 fileMenu，并在此菜单下添加子菜单 helloItem,exitItem
    fileMenu = wx.Menu()
    helloItem = fileMenu.Append(-1, "&Hello...\tCtrl-H",
            "Help string shown in status bar for this menu item")
    fileMenu.AppendSeparator()    #增加一个分隔横线，给菜单项
    exitItem = fileMenu.Append(wx.ID_EXIT)

    # 创建 helpMenu 菜单，并在菜单下添加子菜单 helpMenu
    helpMenu = wx.Menu()
    aboutItem = helpMenu.Append(wx.ID_ABOUT)
    #创建 menuBar 对象，并将上面的 2 组菜单 fileMenu，helpMenu 组合进来
    menuBar = wx.MenuBar()
    menuBar.Append(fileMenu, "&File")
    menuBar.Append(helpMenu, "&Help")

    # 将 menuBar 对象在 frame 窗口上体现
    self.SetMenuBar(menuBar)

    #将菜单的鼠标单击事件与方法联系起来
    self.Bind(wx.EVT_MENU, self.OnHello, helloItem)
    self.Bind(wx.EVT_MENU, self.OnExit, exitItem)
    self.Bind(wx.EVT_MENU, self.OnAbout, aboutItem)

def OnExit(self, event):
    """关闭窗口"""
    self.Close(True)

def OnHello(self, event):
    """给用户一个消息框"""
```

```
        wx. MessageBox("Hello again from wxPython")

    def OnAbout(self, event):
        """显示一个对话框"""
        wx. MessageBox("This is a wxPython Hello World sample",
                       "About Hello World 2",
                       wx. OK|wx. ICON_INFORMATION)


if __name__ == '__main__':
    # 如果以主程序入口, 则运行
    app = wx. App()
    frm = HelloFrame(None, title = 'Hello World again')
    frm. Show()
    app. MainLoop()
```
　程序运行结果如图 13-2 所示。

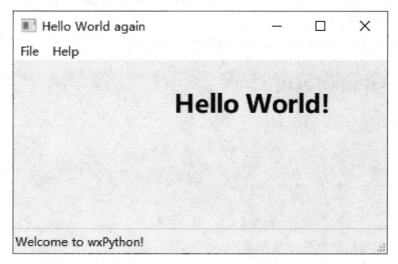

图 13-2　wxWindows 画面

　　注意: wx 中变量和方法命名, 第一个大多数为大写字母。

　　上面的 app 程序, 完全将一个窗体封装为一个类 HelloFrame, 这个类继承了 wx. Frame 类, 在类的初始化函数中, 生成了菜单、状态条、面板以及 lable 等对象, 并对相关的对象发生的事件进行了绑定, 并设计了对应的类方法。最后在模块中, 生成该类的对象 frm = HelloFrame (None, title = 'Hello World again'), 并显示 frm. Show (), 然后进入主循环 app. MainLoop ()。

wxPython 主要包括五个模块：windows，GDI，Core，Misc，Controls，其中 Controls 实现 Toolbar，NoteBook，Button，Lable 等控件，在 wxPython 中所有的控件都称为 widget；而 Core 模块包含开发中所有的基本类，例如：基类，Sizers，Events，Point，Rectangle 等；GDI，图形用户接口，一组在 widgets 上绘图的类，包括操作 Fonts，Colours，Brushes，Pens，Images 等；Misc 模块涉及应用程序配置、logging、系统设置、显示以及游戏杆 joystick 等；Windows 模块包含各种类型窗口构成应用，如 Panel，Dialog，Frame，Scrolled Windows 等。

按功能分组如下：

动态 widgets：CheckBox，ToggleButton，T extCtrl，Slider，BitMapButton，ConBox，RadioButton，RadioBox，SpinButton，ListBox，ScrollBar，Grid，Choice，SpinCtrol 等，用于交互操作的插件。

静态 widgets：StaticBitmap，StaticBox，Gaige，StaticText，StaticLine。

工具条：ToolBar，MenuBar，StatusBar。

容器 widgets：Panel，ScrolledWindows，SplitterWindows，Notebook。

顶层 widgets：PopupWindows，ScrolledWindows，Frame，MDIParentFrame，MIDChildFrame，Dialog。

基本 Widget：Window，Control，ControlWithItem。

13.2　wxPython 基础

从一个最简单的程序开始：

```
import wx

app = wx.App()
frame = wx.Frame(None, title='nihao wxPython')
frame.Show()
app.MainLoop()
```

程序运行结果如图 13-3 所示。

程序说明：引入窗口程序包 wxPython：import wx 创建窗口程序 app = wx. app ()；创建窗口 frame，使用 wx. frame ()创建 frame 窗口对象，窗口 show ()方法显示，然后进入消息循环；程序显示一个窗口如上，在 wx. Frame（None，title = 'nihao wxPython')中，给定窗口的参数字典。

wx. Frame 是最为重要的一个插件，是一个容器类插件，可以包含非 frame 类或对话框类的任何插件，frame 属性包括，borders，title bar 各种可选属性，例如：

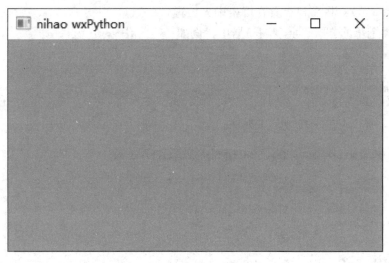

图 13-3　程序运行结果

```
frame = wx.Frame(None, -1, title='nihao
wxPython',pos=wx.DefaultPosition,size=wx.DefaultSize,style=wx.DEFAULT_FRAME_STYLE,name
="frame")
```

　　frame 可以有父容器类窗口，None 参数，表示本窗口没有父容器，可以指定 size，pos，style，name 等属性，这些属性值在 wx 中有缺省或自己确定。

　　frame 的大小和位置：

```
size=frame.GetSize()
size=(350*2, 250*2)


frame.SetSize(size)
```

　　首先获得对象 frame 相关属性给 size，size = frame. GetSize（）对象；然后赋值给 size，size =（350 * 2，250 * 2）；最后把 size 值赋值给 frame 对象，frame. SetSize（size）。wxWidget 对象的属性，都要经过这个过程来修改。

　　方法：

　　Move（wx. Point point），移动窗口到指定 point 位置。

　　SetPosition（wx. Point point），设置窗口的位置。

　　例如：

```
frame.SetSize((300*2,240*2))
frame.Move((100,100))
```

　　Maximize（）：窗口最大化。

Centre（）：将窗口设置在屏幕中央位置。

用类继承的方式，实现窗口居中，例如：

```python
import wx

class demoFrame(wx.Frame):

    def __init__(self, parent, title):

        super(demoFrame, self).__init__(parent, title=title,

            size=(300*2, 200*2))

        self.Centre()

def main():

    app = wx.App()
    ex = demoFrame(None, title='Centering')

    ex.Show()

    app.MainLoop()


if __name__ == '__main__':

    main()
```

程序设计了一个 demoFrame 类，此类继承 wx. Frame 类，并在构造函数的时候，先将父类的初始化程序执行，再进行 demoFrame 类的窗口居中代码；模块程序声明了一个主函数 main（），在这个函数中，执行窗口的生成和消息循环，这样有助于模块化程序设计，功能更清晰。这样做的另一个目的是，使这个程序以类的形式，被其他程序使用。

13.3 菜单与工具条

每一个菜单都是 menu 类生成的一个对象，可以在这个对象中添加菜单选项；然后将菜单选项添加到 menubar 类生成的容器对象中；然后再通过窗体对象的 SetMenuBar（）方法，将 menubar 对象添加到窗体中，当窗体显示的时候，菜单就显示在窗体的上部了。

1. 窗口的菜单
举个简单的例子:

```python
import wx

class demo(wx.Frame):

    def __init__(self,*args,**kwargs):

        super(demo,self).__init__(*args,**kwargs)

        self.ui()

    def ui(self):

        menubar = wx.MenuBar()

        file = wx.Menu()

        fileItem = file.Append(wx.ID_EXIT, 'quit', 'quit app')

        menubar.Append(file, '&file')

        self.SetMenuBar(menubar)

        self.Bind(wx.EVT_MENU,self.OnQuit,fileItem)
        self.SetSize((480,360))

        self.SetTitle("frame menu class demo")

        self.Centre()


    def OnQuit(self, e):

        self.Close()


app=wx.App()

ex=demo(None)
```

```
ex.Show()

app.MainLoop()
```

上面的程序中，wx. MenuBar（）创建了一个 menubar 对象，这个对象用于容纳所有的菜单对象列表；使用 wx. Menu（）创建菜单 file 对象，然后菜单 file 对象上 Append 方法增加菜单选项，即 MenuItem 对象，这个 Append 方法，包含参数，wx. ID _ EXIT，标准 id 程序会自动添加快捷键 Ctrl + Q，2 个参数为 title 显示文本，3 个参数为在 statusbar 上显示的文本说明。

有个 menubar，菜单 file 后，就要将 file 菜单添加到 menubar 对象里，然后将 menubar 设置为 demo 的主菜单。

2. 在菜单上增加 Icons 与快捷键

```
fileItem=wx.MenuItem(file,1,'&Quit\tCtrl+Q')
fileItem.SetBitmap(wx.Bitmap('exi.net.png'))
file.Append(fileItem)
menubar.Append(file, '&file')
self.SetMenuBar(menubar)
#self.Bind(wx.EVT_MENU,self.OnQuit,fileItem)
self.Bind(wx.EVT_MENU,self.OnQuit,id=1)
```

菜单的快捷菜单即标题，通过'&Quit \ tctrl + Q'传递给 fileitem 对象，其中'\tctrl + Q'定义了快捷键，具有特殊意义，&Quit 代表标题。

在这段程序中使用了 wx. Bitmap 类，该类用于生成 bitmap 图的对象；使用 MenuItem 对象的 AsetBitmap（）方法来设置显示图形属性，最后把 MenuItem 对象 fileitem 添加到 menu 类的对象 file 中，再将 file 添加到 menubar 对象中。

3. 子菜单和分隔符

```
import wx
class demo(wx.Frame):
    def __init__(self,*args,**kwargs):
        super(demo,self).__init__(*args,**kwargs)
        self.ui()
    def ui(self):
        menubar = wx.MenuBar()
        file = wx.Menu()
        file.Append(wx.ID_NEW, '&New')
        file.Append(wx.ID_OPEN, '&Open')
        file.Append(wx.ID_SAVE, '&Save')
        file.AppendSeparator()
        imp = wx.Menu()     #新菜单项对象 imp
```

```
        imp.Append(wx.ID_ANY, 'Import newsfeed list...')    #在菜单对象 imp 中添加菜单项
        imp.Append(wx.ID_ANY, 'Import bookmarks...')
        imp.Append(wx.ID_ANY, 'Import mail...')

        file.Append(wx.ID_ANY, 'I&mport', imp) #将 imp 菜单对象，添加到 file 菜单对象中

        qmi = wx.MenuItem(file, wx.ID_EXIT, '&Quit\tCtrl+W')
        file.Append(qmi)

        self.Bind(wx.EVT_MENU, self.OnQuit, qmi)

        menubar.Append(file, '&File')
        self.SetMenuBar(menubar)

        self.SetSize((480,360))
        self.SetTitle("frame menu class demo")
        self.Centre()

    def OnQuit(self, e):
        self.Close()

app=wx.App()
ex=demo(None)
ex.Show()
app.MainLoop()
```

程序输出如图 13-4 所示。

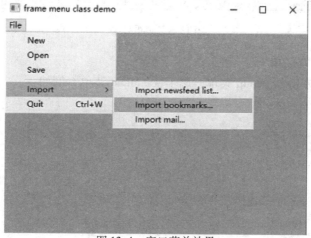

图 13-4　窗口菜单效果

其中：菜单项对象 imp 也是由 wx. Menu（）创建的，它有一个 id 即 wx. ID _ ANY，这个 id 是 wxPython 的常数，然后在给同样是 wx. Menu（）对象的 file 添加菜单项 import 时，与 imp 进行联系，即 file. Append（wx. ID _ ANY, 'I&mport', imp）。

frame 的菜单 Menu 还可以是 check，radio 类型：设置属性即可，例如：

```
file.Append(wx.ID_NEW, '&New',kind=wx.ITEM_CHECK)
file.Append(wx.ID_OPEN, '&Open',kind=wx.ITEM_CHECK)
file.Append(wx.ID_SAVE, '&Save',kind=wx.ITEM_RADIO)
```

程序输出结果如图 13-5 所示。

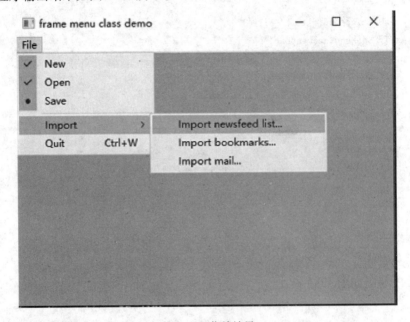

图 13-5　菜单效果

4. 弹出文本菜单

单击鼠标左键的 popup 菜单，属于 wx. Menu 菜单。例如：

```
import wx
class popmenu(wx.Menu):

    def __init__(self, parent):
        super(popmenu, self).__init__()

        self.parent = parent

        mmi = wx.MenuItem(self, wx.NewId(), 'Minimize')
```

```
        self.Append(mmi)
        self.Bind(wx.EVT_MENU, self.OnMinimize, mmi)


        cmi = wx.MenuItem(self, wx.NewId(), 'Close')
        self.Append(cmi)
        self.Bind(wx.EVT_MENU, self.OnClose, cmi)


    def OnMinimize(self, e):
        self.parent.Iconize()

    def OnClose(self, e):
        self.parent.Close()


class demo(wx.Frame):
    def __init__(self,*args,**kwargs):
        super(demo,self).__init__(*args,**kwargs)
        self.ui()
    def ui(self):
        self.Bind(wx.EVT_RIGHT_DOWN, self.OnRightDown)

        menubar = wx.MenuBar()
        file = wx.Menu()
        file.Append(wx.ID_NEW, '&New',kind=wx.ITEM_CHECK)
        file.AppendSeparator()
        qmi = wx.MenuItem(file, wx.ID_EXIT, '&Quit\tCtrl+W')
        file.Append(qmi)

        self.Bind(wx.EVT_MENU, self.OnQuit, qmi)

        menubar.Append(file, '&File')
        self.SetMenuBar(menubar)
        self.Centre()

    def OnRightDown(self, e):
        self.PopupMenu(popmenu(self), e.GetPosition())

    def OnQuit(self, e):
        self.Close()
```

```
app=wx.App()
ex=demo(None)
ex.Show()
app.MainLoop()
```

程序说明：程序中定义了 popmenu 类，继承 wx. Menu，popmenu 类添加了 2 个菜单项，Minimize，Close，然后分别与方法 Onminimize，Onclose 绑定，注意这两个方法有一个参数 e，参数 e 返回单击的鼠标位置、鼠标键等参数。

在 frame 类 demo 中，定义了窗体的鼠标右键事件与方法的绑定，即

```
self.Bind(wx.EVT_RIGHT_DOWN, self.OnRightDown)
```

鼠标右键事件的方法：

```
    def OnRightDown(self, e):
        self.PopupMenu(popmenu(self), e.GetPosition())
```

程序输出如图 13-6 所示。

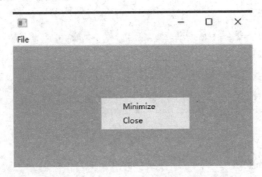

图 13-6　鼠标右键弹出菜单

5. 工具条

窗体对象 frame 的 CreateToolBar（）方法创建工具条，例如在上面的 popmenu 程序，在窗体上添加一个 Toolbar，代码如下：

```
toolbar = self.CreateToolBar()
qtool = toolbar.AddTool(wx.ID_ANY, 'Quit', wx.Bitmap('exi.net.png'))
toolbar.Realize()

self.Bind(wx.EVT_TOOL, self.OnQuit, qtool)
```

这段程序放在 demo 类的构造函数中，程序主要完成工具条对象 toolbar 的创建，给 toolbar 对象添加工具图片按钮 qtool，然后将 toolbar 自适应图片按钮大小，最后绑定 toolbar 事件，将程序的退出方法 OnQuit（）与 qtool 绑定，如图 13-7 所示。

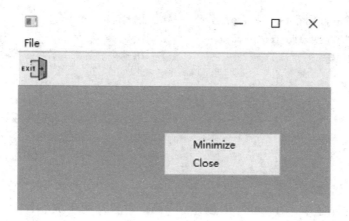

图 13-7　菜单绑定

13.4　布局管理

如何排布在应用中的多个 widgets 插件，涉及布局管理。在 wxPython 中，布局可以通过垂直、水平和网格 wxWidget 插件来完成，并且他们之间可以相互嵌套。

1. 相对位置坐标

```
import wx
class demo(wx.Frame):
    def __init__(self, *args, **kwargs):
        super(demo,self).__init__(*args, **kwargs)
        self.ui()


    def ui(self):
        self.panel=wx.Panel(self)    #创建 demo 类成员变量 panel
        self.panel.SetBackgroundColour("gray")    #设置 panel 对象的背景色为 gray

        self.img1 = wx.StaticBitmap(self.panel, wx.ID_ANY, wx.Bitmap("messi.jpg",
wx.BITMAP_TYPE_ANY))
        self.img2 = wx.StaticBitmap(self.panel, wx.ID_ANY,wx.Bitmap("messi2.jpeg",
wx.BITMAP_TYPE_ANY))
        self.img3 = wx.StaticBitmap(self.panel, wx.ID_ANY,wx.Bitmap("wawa.png",
wx.BITMAP_TYPE_ANY))
```

```
    self.img1.SetPosition((20, 20))      #设置图片绝对位置
    self.img2.SetPosition((40, 160))     #设置图片绝对位置
    self.img3.SetPosition((170, 50))     #设置图片绝对位置



app=wx.App()
ex=demo(None)
ex.Show()
app.MainLoop()
```

上面的程序中，在 frame 中创建了 panel 对象，用于放置图片，然后设置 panel 的背景色，再调用加载图片，使用 wx.StaticBitmap 创建了 3 个类成员变量 img1，img2，img3，同时加载 3 张图片；然后设置图片在 panle 中的绝对位置。发现图片的位置很乱，并且给出绝对位置很难保证画面的层次性。

程序输出如图 13-8 所示。

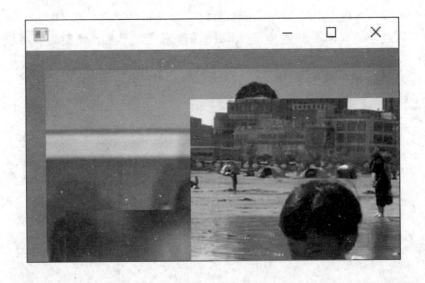

图 13-8　布局管理

2. 使用 Sizers 类

在 wxPython 中有 BoxSizer，StaticBoxSizer，GridSizer，FlexGridSizer，GridBag-Sizer 等类来处理布局问题。

3. wx. BoxSizer 类

将多个 widgets 装进 BoxSizer 里，按照水平或垂直方式显示，例如：

```python
import wx
class demo(wx.Frame):
    def __init__(self, *args, **kwargs):
        super(demo,self).__init__(*args, **kwargs)
        self.ui()


    def ui(self):
        panel = wx.Panel(self)


        font = wx.SystemSettings.GetFont(wx.SYS_SYSTEM_FONT)


        font.SetPointSize(9)
        #创建一个 vbox 对象，垂直 vbox
        vbox = wx.BoxSizer(wx.VERTICAL)
        #创建一个水平 hbox1
        hbox1 = wx.BoxSizer(wx.HORIZONTAL)
        st1 = wx.StaticText(panel, label='name')    #创建的 statictext 对象 st1，显示 name
        st1.SetFont(font)
        hbox1.Add(st1, flag=wx.RIGHT, border=8)        #将 st1 加进 hbox1 对象中
        tc = wx.TextCtrl(panel)                        #创建 Text 文本输入对象 tx
        hbox1.Add(tc, proportion=1)                      #将文本输入框 tx 加进 hbox1 中
        vbox.Add(hbox1, flag=wx.EXPAND | wx.LEFT | wx.RIGHT | wx.TOP, border=10)  #整体
将 hbox1 加进 vbox 中


        vbox.Add((-1, 10)) #增加 垂直空间 10
        #创建水平 box 对象 hbox2
        hbox2 = wx.BoxSizer(wx.HORIZONTAL)
        st2 = wx.StaticText(panel, label='Matching Classes')    #静态文本 st2
        st2.SetFont(font)
        hbox2.Add(st2)    #st2 加进 hbox2 中
        vbox.Add(hbox2, flag=wx.LEFT | wx.TOP, border=10)    #将 hbox2 加进 vbox 对象中，vbox
中有 hbox1,hbox2


        vbox.Add((-1, 10)) #增加垂直空间 10
        #创建布局插件hbox3
        hbox3 = wx.BoxSizer(wx.HORIZONTAL)
        cb1 = wx.CheckBox(panel, label='Case Sensitive')  #创建 check1
        cb1.SetFont(font)
        hbox3.Add(cb1)
        cb2 = wx.CheckBox(panel, label='Nested Classes')    #创建 check2
        cb2.SetFont(font)
        hbox3.Add(cb2, flag=wx.LEFT, border=10)
```

```
        cb3 = wx.CheckBox(panel, label='Non-Project classes')  #创建 check3
        cb3.SetFont(font)
        hbox3.Add(cb3, flag=wx.LEFT, border=10)
        vbox.Add(hbox3, flag=wx.LEFT, border=10)  #将 hbox3 加进 vbox 对象中


        vbox.Add((-1, 25))    #增加垂直空间 25
        #创建水平 box 对象 hbox4
        hbox4= wx.BoxSizer(wx.HORIZONTAL)
        btn1 = wx.Button(panel, label='Ok', size=(70, 30))    #创建一个按钮
        hbox4.Add(btn1)
        btn2 = wx.Button(panel, label='Close', size=(70, 30))  # 创建一个按钮
        hbox4.Add(btn2, flag=wx.LEFT | wx.BOTTOM, border=5)
        vbox.Add(hbox4, flag=wx.ALIGN_RIGHT | wx.RIGHT, border=10)   #将 hbox4 加进 vbox
对象中，vbox 对象已经有 4 个 hbox 对象


        panel.SetSizer(vbox)  #panel 大小适应


app=wx.App()
ex=demo(None)
ex.Show()
app.MainLoop()
```

程序创建了 panel 对象用于放置 widgets，创建 vbox 对象用于垂直排列 widgets 插件，使用 wx. BoxSizer（wx. HORIZONTAL）创建方法参数有水平排列，有垂直排列 wx. BoxSizer（wx. VERTICAL），然后使用 Boxsizee. add（）方法将相关的要排列的 wxWidget 对象添加进来。

创建 4 个 hbox 水平放置对象 hbox1，hobox2，hbox3，hbox4，并在其中放置相应的按钮、文本框、静态文本等对象，然后将 hbox1，hobox2，hbox3，hbox4 加进 vbox 对象中，将 vbox 对象放置在 panel 中，并显示出来，程序运行结果如图 13-9 所示。

4. Wx. FlexGridSizer 类

这是一个表格类型的插件，每个表格空间可放置 widgets 插件，而且可以使用表格空间充满方法来调整窗体美观样式。

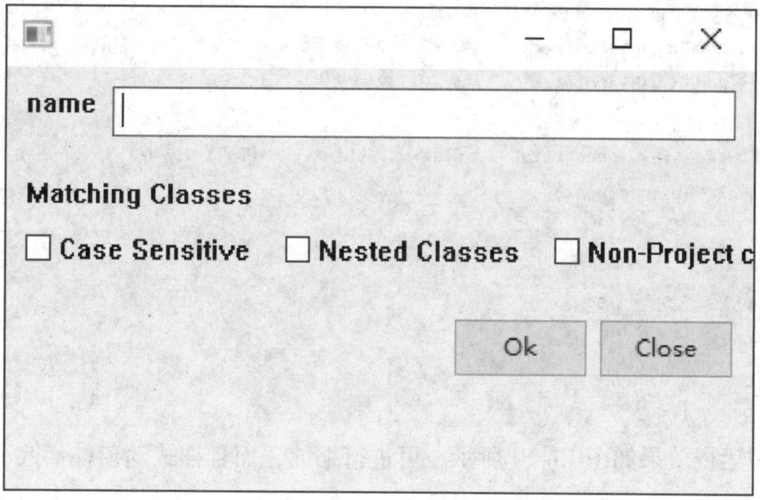

图 13-9　widgets 布局

```python
import wx
class demo(wx.Frame):
    def __init__(self, *args, **kwargs):
        super(demo,self).__init__(*args, **kwargs)
        self.ui()

    def ui(self):
        panel = wx.Panel(self)

        hbox = wx.BoxSizer(wx.HORIZONTAL)
        # 创建一个 FlexGridSizer 对象 fgs,4 参数，分别为：行数，列数，行间距，列间距
        fgs = wx.FlexGridSizer(3, 2, 9, 25)

        st1 = wx.StaticText(panel, label="Title")     #创建 3 个静态文本
        st2 = wx.StaticText(panel, label="Author")
        st3 = wx.StaticText(panel, label="Review")

        tc1 = wx.TextCtrl(panel)          #创建 3 个文本输入框
        tc2 = wx.TextCtrl(panel)
        tc3 = wx.TextCtrl(panel, style=wx.TE_MULTILINE)   #为多行文本输入框
        #将 3 个静态文本对象，3 个文本对象添加进 FlexGridSizer 对象 fgs
        fgs.AddMany([(st1), (tc1, 1, wx.EXPAND), (st2),
            (tc2, 1, wx.EXPAND), (st3, 1, wx.EXPAND), (tc3, 1, wx.EXPAND)])
```

```
        #重新设置 fgs 显示格式，这样，按
        fgs.AddGrowableRow(2, 1)     #使 3 行，2 列的区域充满，按垂直方向充满
        fgs.AddGrowableCol(1, 1)     #使 2 行，2 列的区域充满，按水平方向充满

        hbox.Add(fgs, proportion=1, flag=wx.ALL|wx.EXPAND, border=15)
        panel.SetSizer(hbox)


app=wx.App()
ex=demo(None)
ex.Show()
app.MainLoop()
```

程序运行效果如图 13-10 所示，可进行缩放，而且样式随窗体而改变。

图 13-10   程序运行效果

13.5   wxPython 事件

GUI 事件：所有的 GUI 应用都是基于事件驱动的，事件是用户单击鼠标或敲击键盘，internet 链接，timer，窗口管理等事件而产生的。MainLoop（）循环方法，来等待事件发生，并确定程序执行动作。

事件 event 是应用层的信息，事件是唯一的，有对应的常数 wx.EVT _ XXXXXX，代表事件动作。event 绑定，即将事件对应的函数联系在一起，比如我们移动窗口，将产生 wxPython wx.EVT _ MOVE 事件，举例如下：

```
import wx
class demo(wx.Frame):
    def __init__(self, *args, **kwargs):
        super(demo,self).__init__(*args, **kwargs)
        self.ui()

    def ui(self):
        panel = wx.Panel(self)

        hbox = wx.BoxSizer(wx.HORIZONTAL)
        # 创建一个 FlexGridSizer 对象 fgs,4 参数，分别为：行数、列数、行间距、列间距
        fgs = wx.FlexGridSizer(2, 2, 9, 25)

        self.st1 = wx.StaticText(panel, label="x 坐标")    #创建 2 个静态文本
        self.st2 = wx.StaticText(panel, label="y 坐标")

        self.tc1 = wx.TextCtrl(panel)        #创建 2 个文本输入框
        self.tc2 = wx.TextCtrl(panel)
        #将 3 个静态文本对象，2 个文本对象添加进 FlexGridSizer 对象 fgs
        fgs.AddMany([(self.st1), (self.tc1, 1, wx.EXPAND), (self.st2),
            (self.tc2, 1, wx.EXPAND)])
        #重新设置 fgs 显示格式.
        fgs.AddGrowableRow(1, 1)    #使 2 行，2 列的区域充满，按垂直方向充满
        fgs.AddGrowableCol(1, 1)    #使 2 行，2 列的区域充满，按水平方向充满

        hbox.Add(fgs, proportion=1, flag=wx.ALL|wx.EXPAND, border=15)
        panel.SetSizer(hbox)

        self.Bind(wx.EVT_MOVE, self.OnMove)

    def OnMove(self, e):
        x, y = e.GetPosition()
        self.tc1.SetLabelText(str(x))
        self.tc2.SetLabelText(str(y))


app=wx.App()
ex=demo(None)
ex.Show()
app.MainLoop()
```

程序在 frame 窗体对象 demo 的构造函数中，定义了 2 个静态文本对象 st1，st2，2 个输入文本框对象 tc1，tc2，并将他们添加进 FlexGridSizer 对象 fgs 中，然后将窗体移动的事件 wx. EVT ＿ MOVE 与 self. OnMove 方法绑定，self. Bind（wx. EVT ＿ MOVE，self. OnMove）。

在 self. OnMove（self. e）方法中，参数 e 从 Frame 对象中继承而来，可获得窗口当前的位置，程序输出如图 13-11 所示。

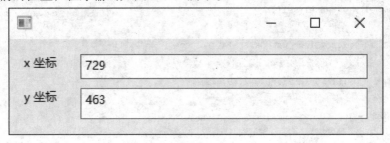

图 13-11　窗体事件

1. wx. FocusEvent 事件

```python
import wx
#wx.EVT_PAINT,wx.EVT_SIZE,wx.EVT_SET_FOCUS,wx.EVT_KILL_FOCUS 事件绑定 demo
class wgt(wx.Panel):

    def __init__(self, parent):
        super(wgt, self).__init__(parent)

        self.color = 'gray'

        self.Bind(wx.EVT_PAINT, self.OnPaint)
        self.Bind(wx.EVT_SIZE, self.OnSize)
        self.Bind(wx.EVT_SET_FOCUS, self.OnSetFocus)
        self.Bind(wx.EVT_KILL_FOCUS, self.OnKillFocus)

    def OnPaint(self, e):

        dc = wx.PaintDC(self)

        dc.SetPen(wx.Pen(self.color))
        x, y = self.GetSize()
        dc.DrawRectangle(0, 0, x, y)
        text = "x= {0}   y={0}".format(x,y)
        dc.DrawText(text, 0, 0)
```

```
    def OnSize(self, e):
        self.Refresh()

    def OnSetFocus(self, e):
        self.color = 'blue'
        self.Refresh()

    def OnKillFocus(self, e):
        self.color = 'green'
        self.Refresh()

class demo(wx.Frame):

    def __init__(self, *args, **kw):
        super(demo, self).__init__(*args, **kw)
        self.InitUI()

    def InitUI(self):
        #创建 gridsizer 对象 grid,在 grid 中添加 wgt(继承 panel)对象
        grid = wx.GridSizer(2, 2, 10, 10)
        grid.AddMany([(wgt(self), 0, wx.EXPAND|wx.TOP|wx.LEFT, 9),
            (wgt(self), 0, wx.EXPAND|wx.TOP|wx.RIGHT, 9),
            (wgt(self), 0, wx.EXPAND|wx.BOTTOM|wx.LEFT, 9),
            (wgt(self), 0, wx.EXPAND|wx.BOTTOM|wx.RIGHT, 9)])

        self.SetSizer(grid)
        self.SetSize((350, 250))
        self.SetTitle('Focus event')
        self.Centre()

app=wx.App()
ex=demo(None)
ex.Show()
app.MainLoop()
```

程序说明：self. Bind（ ）方法用于绑定 wxWidget 对象的鼠标键盘等事件，参数为事件 wx. EVE_XXXXXXX，事件执行的函数，事件对象；在上面的程序中，自定义了一个 wgt 类，在这个类中，绑定了 4 个事件，对应函数分别在类中做了定义。

```
self.Bind(wx.EVT_PAINT, self.OnPaint)
self.Bind(wx.EVT_SIZE, self.OnSize)
self.Bind(wx.EVT_SET_FOCUS, self.OnSetFocus)
self.Bind(wx.EVT_KILL_FOCUS, self.OnKillFocus)
```

这 4 个事件中，分别对应 paint 事件，就是控件绘制事件，控件大小改变事件，控件获得焦点事件，控件失去焦点事件。

在 demo 类中，实例化 gridSizer，并将 4 个 wgt 实例化对象加入表格中，然后对窗体规范。

程序运行结果如图 13-12 所示。

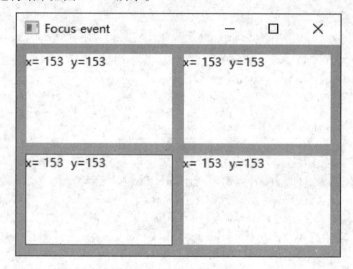

图 13-12　鼠标事件

2. wx. EVT _ BUTTON 事件：鼠标单击事件

3. wx. MouseMoveEvent 事件：鼠标移动事件

```
import wx
#wx.EVT_PAINT,wx.EVT_SIZE,wx.EVT_SET_FOCUS,wx.EVT_KILL_FOCUS 事件绑定 demo
class wgt(wx.Panel):

    def __init__(self, parent):
        super(wgt, self).__init__(parent)

        self.color = 'gray'


        self.Bind(wx.EVT_PAINT, self.OnPaint)
```

```
        self.Bind(wx.EVT_SIZE, self.OnSize)
        self.Bind(wx.EVT_SET_FOCUS, self.OnSetFocus)
        self.Bind(wx.EVT_KILL_FOCUS, self.OnKillFocus)
        self.Bind(wx.EVT_MOUSE_EVENTS,self.OnMouseMove)   #绑定鼠标移动事件 OnMouseMove
    def OnMouseMove(self,e):
        x,y=e.GetPosition()
        print("mouse pointer x={} and y={}".format(x,y))
    def OnPaint(self, e):

        dc = wx.PaintDC(self)

        dc.SetPen(wx.Pen(self.color))
        x, y = self.GetSize()
        dc.DrawRectangle(0, 0, x, y)
        text = "x= {0}   y={0}".format(x,y)
        dc.DrawText(text, 0, 0)


    def OnSize(self, e):
        self.Refresh()

    def OnSetFocus(self, e):
        self.color = 'blue'
        self.Refresh()


    def OnKillFocus(self, e):
        self.color = 'green'
        self.Refresh()


class demo(wx.Frame):

    def __init__(self, *args, **kw):
        super(demo, self).__init__(*args, **kw)
        self.InitUI()

    def InitUI(self):
        #创建 gridsizer 对象 grid,在 grid 中添加 wgt(继承 panel)对象
        grid = wx.GridSizer(3, 2, 10, 10)
        btn1=wx.Button(self,wx.ID_ANY,'confirm')     #创建 Button 对象 btn1
        btn2=wx.Button(self,wx.ID_ANY,'cancel')      #创建 Button 对象 btn2
        grid.AddMany([(wgt(self), 0, wx.EXPAND|wx.TOP|wx.LEFT, 9),
```

```
        (wgt(self), 0, wx.EXPAND|wx.TOP|wx.RIGHT, 9),
        (wgt(self), 0, wx.EXPAND|wx.BOTTOM|wx.LEFT, 9),
        (wgt(self), 0, wx.EXPAND|wx.BOTTOM|wx.RIGHT, 9),
        (btn1,0,wx.EXPAND|wx.BOTTOM|wx.LEFT, 9),(btn2,0,
wx.EXPAND|wx.BOTTOM|wx.RIGHT, 9)])
        self.Bind(wx.EVT_BUTTON, self.OnButtonClicked, btn1)    #绑定鼠标单击事件
        self.Bind(wx.EVT_BUTTON, self.OnButtonClicked, btn2)    #绑定鼠标单击事件

        self.SetSizer(grid)
        self.SetSize((350, 250))
        self.SetTitle('Focus event')
        self.Centre()

    def OnButtonClicked(self, e):
        print("click of button is prosessed")
        e.Skip()  # 跳过父类的单击事件过程

app=wx.App()
ex=demo(None)
ex.Show()
app.MainLoop()
```

程序输出如图 13-13 所示，由于输出 print（）的原因，焦点事件丢失。

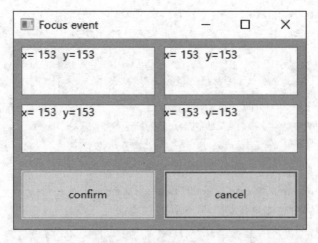

图 13-13　焦点事件

13.6　对话框

对话框是独立的，涉及系统的文件、色彩等，简单的对话框如下：

```
import wx
app=wx.App()
wx.MessageBox('Download completed', 'Info',
           wx.OK | wx.ICON_INFORMATION)
app.MainLoop()
```

程序输出如图 13-14 所示。

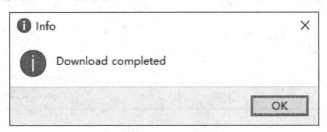

图 13-14　对话框

wx. MessageBox（）函数：显示内容、标题、图标、按钮都可以通过参数传递设置，例如：

按钮包括：wx. OK，wx. Yes ＿ NO，wx. Yes ＿ DEFAULT，wx. No ＿ DEFAULT；图标包括：wx. . ICON ＿ EXCLAMATION，wx. ICON ＿ ERROR，wx. ICON ＿ HAND，wx. ICON ＿ INFORMATION，wx. ICON ＿ QUESTION，举例如下：

```
app=wx.App()
dial = wx.MessageDialog(None, 'Are you sure to quit?', 'Question',
           wx.YES_NO | wx.NO_DEFAULT | wx.ICON_QUESTION)
dial.ShowModal()
app.MainLoop()
```

程序运行如图 13-15 所示。

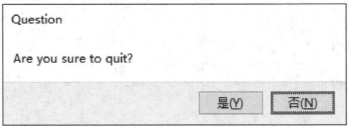

图 13-15　对话框

又如：

```
import wx

app=wx.App()
dial = wx.MessageDialog(None, 'Unallowed operation', 'Exclamation',
        wx.OK | wx.ICON_EXCLAMATION)
dial.ShowModal()
app.MainLoop()
```

程序运行如图 13-16 所示。

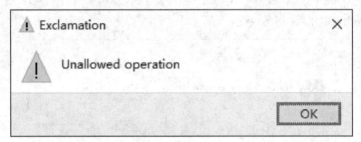

图 13-16 提示框

定制对话框：

举例程序代码：定制对话框继承 wx. dialog。

```
import wx
class cDlg(wx.Dialog):

    def __init__(self, *args, **kw):
        super(cDlg, self).__init__(*args, **kw)
        self.Init()
        self.SetSize((250, 200))
        self.SetTitle("custom dialog ")

    def Init(self):
        vbox = wx.BoxSizer(wx.VERTICAL)

        pnl = wx.Panel(self)
        sb = wx.StaticBox(pnl, label='Colors')
        sbs = wx.StaticBoxSizer(sb, orient=wx.VERTICAL)
        sbs.Add(wx.RadioButton(pnl, label='256 Colors',
```

```
                style=wx.RB_GROUP))
        sbs.Add(wx.RadioButton(pnl, label='16 Colors'))
        sbs.Add(wx.RadioButton(pnl, label='2 Colors'))

        hbox1 = wx.BoxSizer(wx.HORIZONTAL)
        hbox1.Add(wx.RadioButton(pnl, label='Custom'))
        hbox1.Add(wx.TextCtrl(pnl), flag=wx.LEFT, border=5)
        sbs.Add(hbox1)

        pnl.SetSizer(sbs)

        hbox2 = wx.BoxSizer(wx.HORIZONTAL)
        okButton = wx.Button(self, label='Ok')
        closeButton = wx.Button(self, label='Close')
        hbox2.Add(okButton)
        hbox2.Add(closeButton, flag=wx.LEFT, border=5)

        vbox.Add(pnl, proportion=1,
            flag=wx.ALL|wx.EXPAND, border=5)
        vbox.Add(hbox2, flag=wx.ALIGN_CENTER|wx.TOP|wx.BOTTOM, border=10)

        self.SetSizer(vbox)

        okButton.Bind(wx.EVT_BUTTON, self.OnClose)
        closeButton.Bind(wx.EVT_BUTTON, self.OnClose)


    def OnClose(self, e):

        self.Destroy()

app = wx.App()
ex = cDlg(None)
ex.Show()
app.MainLoop()
```

程序运行如图 13-17 所示。

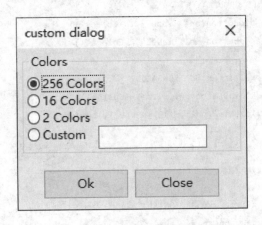

图 13-17　定制对话框示意

13.7　插件 widget

　　wxWidget 插件或控件丰富多彩，而且继承创建自己的插件简单容易，受到广大程序员的欢迎。下面针对典型的插件进行讲解。

　　注意：所有的插件 wxWidget 都必须在窗口上显示，不能独立显示，需要有父窗口或隶属对象。

wx. Button：按钮。

wx. ToggleButton：双状态按钮。

wx. StaticText：静态文本。

wx. StaticLine：静态线。

wx. StaticBox ：静态矩形框。

wx. ComboBox：下拉列表。

wx. CheckBox ：多选按钮。

wx. StatusBar ：状态条。

wx. RadioButton ：单选按钮。

wx. Gauge：仪表，拖动条。

wx. Slider：滚动条。

wx. SpinCtrl：数据操作。

wx. Timer ：时间插件，不显示，仅用于涉及周期性执行程序控制。

　　举例：

```python
import wx
class wgt(wx.Frame):

    def __init__(self, *args, **kw):
        super(wgt, self).__init__(*args, **kw)

        self.Init()

    def Init(self):
        #wx.Timer() 时钟控件          .
        self.timer = wx.Timer(self, 1)
        self.count = 0
        self.Bind(wx.EVT_TIMER, self.OnTimer, self.timer)
        #创建垂直容器对象 vbox
        vbox=wx.BoxSizer(wx.VERTICAL)

        hbox1 = wx.BoxSizer(wx.HORIZONTAL)       #创建 4 个 BoxSizer 容器
        hbox2 = wx.BoxSizer(wx.HORIZONTAL)
        hbox3 = wx.BoxSizer(wx.HORIZONTAL)
        hbox4 = wx.BoxSizer(wx.HORIZONTAL)

        pnl = wx.Panel(self)     #创建 panel 对象 pnl,准备在上绘制按钮、文本框
        self.gauge = wx.Gauge(pnl, range=400, size=(400, -1))    #仪表 Gauge 对象 gauge
        self.btn1 = wx.Button(pnl, wx.ID_OK)      #Button 对象
        self.btn2 = wx.Button(pnl, wx.ID_STOP)      #Button 对象, ID_STOP 标志, wxPyhon
        self.text = wx.StaticText(pnl, label='Task to be done')     #文本框对象
        self.Bind(wx.EVT_BUTTON, self.OnOk, self.btn1)      #绑定事件、方法、按钮
        self.Bind(wx.EVT_BUTTON, self.OnStop, self.btn2)      #绑定事件、方法、按钮

        self.slider = wx.Slider(pnl, value=0, minValue=0, maxValue=400,
                    style=wx.SL_HORIZONTAL, size=(400, -1))       #lider 对象
        self.Bind(wx.EVT_SCROLL, self.OnSliderScroll,self.slider)      #绑定事件、对象
        #水平 Sizer 与垂直 sizer
        hbox1.Add(self.gauge, proportion=1, flag=wx.ALIGN_CENTRE)
        hbox2.Add(self.btn1, proportion=1, flag=wx.RIGHT, border=10)
        hbox2.Add(self.btn2, proportion=1)
        hbox3.Add(self.text, proportion=1)
        hbox4.Add(self.slider, proportion=1)

        vbox.Add((0, 30))
```

```
        vbox.Add(hbox1, flag=wx.ALIGN_CENTRE)
        vbox.Add((0, 20))
        vbox.Add(hbox2, proportion=1, flag=wx.ALIGN_CENTRE)
        vbox.Add(hbox3, proportion=1, flag=wx.ALIGN_CENTRE)
        vbox.Add((0, 20))
        vbox.Add(hbox4, proportion=1, flag=wx.ALIGN_CENTRE)


        pnl.SetSizer(vbox)

        self.SetTitle('multi widgets demo')
        self.Centre()

    def OnSliderScroll(self, e):
        obj = e.GetEventObject()
        val = obj.GetValue()
        self.text.SetLabel(str(val))

    def OnOk(self, e):
        if self.count >= 400:
            return
        self.timer.Start(10)
        self.text.SetLabel('Task in Progress')

    def OnStop(self, e):
        if self.count == 0 or self.count >= 400 or not self.timer.IsRunning():
            return
        self.timer.Stop()
        self.text.SetLabel('Task Interrupted')

    def OnTimer(self, e):
        self.count = self.count + 1
        self.gauge.SetValue(self.count)
        if self.count == 400:
            self.timer.Stop()
            self.text.SetLabel('Task Completed')


app = wx.App()
ex = wgt(None)
ex.Show()
app.MainLoop()
```

程序说明：程序中使用了 1 个 Timer 插件，创建时间插件后，将时间事件 wx. EVE ＿ TIMER 与 self. onTimer 函数绑定，与 self. timer 插件关联。

```
self.timer = wx.Timer(self, 1)
self.count = 0
self.Bind(wx.EVT_TIMER, self.OnTimer, self.timer)
```

在生成 button 插件时，需要指定父对象，即 pn1，建立插件单击事件与对应函数绑定关系，即程序段：

```
self.btn1 = wx.Button(pnl, wx.ID_OK)        #Button 对象
self.btn2 = wx.Button(pnl, wx.ID_STOP)      #Button 对象，ID_STOP 标志，wxPyhon
self.text = wx.StaticText(pnl, label='Task to be done')    #文本框对象
self.Bind(wx.EVT_BUTTON, self.OnOk, self.btn1)            #绑定事件，方法，按钮
self.Bind(wx.EVT_BUTTON, self.OnStop, self.btn2)         #绑定事件，方法，按钮
```

这种流程关系几乎涉及所有 wxWdiget 插件，即创建类属于那个父类的插件对象，设置插件属性等，然后绑定插件与对应的函数。

每类插件都有独特的事件 id，这些事件通用形式为 wx. EVENT ＿ XXXXXXX，如果插件有响应函数，则需要将响应事件的 id 与函数绑定。

程序运行结果如图 13-18 所示。

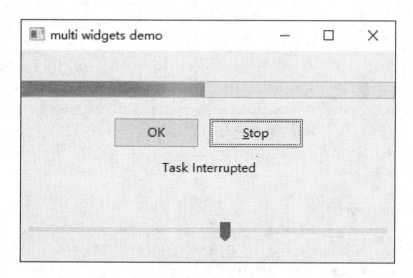

图 13-18　wxWidget 示意

wx. ListBox 插件：是容器类插件，可以添加选项，有单选和多选。

单选事件：wx. EVT ＿ COMMAND ＿ LISTBOX ＿ SELECTED。

双击事件：wx. EVT ＿ COMMAND ＿ LISTBOX ＿ DOUBLE ＿ CLICKED。

13.8 图形

wxWidget 对象上大部分都可以绘图，绘制图形首先要有画板、画笔、绘制方法。这 3 个重要的元素是绘制 2D 图的关键因素。

绘制的图形都是基于 GDI 的 2D 图，可绘制矢量图、位图 Images 和输出文字，并按照格式 Fonts。

1. 绘图板

wx. DC 对象就是绘图板或绘图句柄，绘图板可以通过这些函数获取：WX. SCREENDC，WX. WINDOWDC，WX. CLIENTDC，WX. PAINTDC。

例如：绘制简单线段：

```python
import wx
class demo(wx.Frame):

    def __init__(self, *args, **kw):
        super(demo, self).__init__(*args, **kw)

        self.Init()

    def Init(self):

        wx.CallLater(2000, self.DrawLine)    #2000ms 后，调用 DrawLine 方法

        self.SetTitle("Line")
        self.Centre()

    def DrawLine (self):

        dc = wx.ClientDC(self)    #获得 self 的 ClientDC 句柄
        dc.DrawLine(50, 60, 300,160)  #在绘图区绘制一条直线

app = wx.App()
ex = demo(None)
ex.Show()
app.MainLoop()
```

在程序中调用了一个 wx. CallLater 函数，这个函数在指定一定事件后，调用指定函数，例如：

```
wx.CallLater(2000, self.DrawLine)   #2000ms 后，调用 DrawLine 方法
```

而且在 drawline 函数中，使用 wx. CliengDC（）函数获取了插件本身的绘图区域句柄，或称为画板，然后使用画板的绘图方法绘制了一条直线。

程序运行结果如图 13-19 所示。

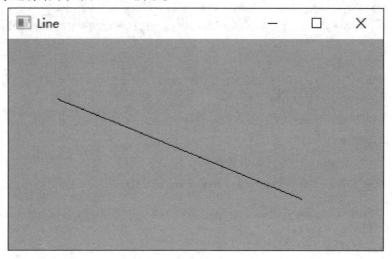

图 13-19　wxWidget 示意

2. 绘图方法

绘图方法包括：绘制点 points、绘制直线 lines、绘制多条直线 polylines、绘制多变几何 polygons、绘制圆 circles、绘制椭圆 ellipses、绘制曲线 splines。这些方法都是针对绘图句柄的方法，即绘图板对象的绘图方法。

DRAWPOINT（SELF，X，Y）

```
dc.DrawEllipse(20, 20, 90, 60)
dc.DrawRoundedRectangle(130, 20, 90, 60, 10)
dc.DrawArc(240, 40, 340, 40, 290, 20)

dc.DrawRectangle(20, 120, 80, 50)
dc.DrawPolygon(((130, 140), (180, 170), (180, 140), (220, 110), (140,
100)))
dc.DrawSpline(((240, 170), (280, 170), (285, 110), (325, 110)))

dc.DrawLines(((20, 260), (100, 260), (20, 210), (100, 210)))
dc.DrawCircle(170, 230, 35)
dc.DrawRectangle(250, 200, 60, 60)
```

```
#绘制矩形
DrawRectangle
dc.SetPen(wx.Pen('#4c4c4c', 1, wx.LONG_DASH))
dc.DrawRectangle(250, 15, 90, 60)
#填充矩形区域
dc.SetBrush(wx.Brush('#c50024'))
dc.DrawRectangle(130, 105, 90, 60)
#绘制梯度色彩、区域、初始色彩、终止色彩、渐变方向
dc.GradientFillLinear((20, 20, 180, 40), '#ffec00', '#000000',
wx.NORTH)
#绘制 img 图
brush1 = wx.Brush(wx.Bitmap('pattern1.png'))
dc.SetBrush(brush1)
dc.DrawRectangle(10, 15, 90, 60)
```

3. 绘图笔

绘图笔涉及 wx. pen 类，即设置色彩、线宽、线形，如：

wx. Pen（wx. Color color，width = 1，style = wx. SOLID）

其中：

wx. Color：色彩。

width：integer 线宽。

style：wx. SOLID，wx. DOT，wx. LONG _ DASH，wx. DOT _ DASH，wx. TRANSPARENT 线形式。

4. 绘图刷

绘图刷用于填充形状，涉及 wx. brushes 类可设置填充色彩、填充形式，如 wx. SOLID，wx. FDIAGONAL _ HATCH 等。

绘图方法举例：

```
import wx
class demo(wx.Frame):

    def __init__(self, *args, **kw):
    super(demo, self).__init__(*args, **kw)

    self.Init()

    def Init(self):
    self.dc = wx.ClientDC(self)  # 获得 self 的 ClientDC 句柄

    self.dc.DrawLine(50, 60, 300, 160)  # 在绘图区绘制一条直线
```

```
        self.Bind(wx.EVT_MOUSE_EVENTS,self.OnMouseMove)

        self.SetTitle("GDI DRAW DEMO")
        self.SetSize((480,360))
        self.Centre()

    #点绘制，鼠标移动事件关联
    def OnMouseMove(self,e):
        self.dc.SetPen(wx.Pen('RED'))
        x,y=e.GetPosition()
        self.dc.DrawPoint(x,y)

        self.dc.SetBrush(wx.Brush('#777'))
        self.dc.SetPen(wx.Pen("#777"))

        self.dc.DrawEllipse(10, 10, 50, 80)
        self.dc.DrawRoundedRectangle(130, 20, 110, 60, 10)
        self.dc.DrawArc(240, 40, 340, 40, 290, 20)

        self.dc.DrawRectangle(10, 120, 10, 50)
        self.dc.DrawPolygon(((110, 110), (150, 140), (120, 100), (280, 170),
(140, 100)))
        self.dc.DrawSpline(((240, 170), (280, 170), (285, 110), (325, 110)))

        self.dc.DrawLines(((20, 260), (100, 260), (20, 210), (100, 210)))
        self.dc.DrawCircle(170, 230, 35)
        self.dc.DrawRectangle(250, 200, 60, 60)

app = wx.App()
ex = demo(None)
ex.Show()
app.MainLoop()
```

程序说明：绘制点时，使用 demo 的鼠标移动事件与函数 self. OnMouseMove 绑定，获取绘图板、绘图句柄。

```
self.dc = wx.ClientDC(self)  # 获得 self 的 ClientDC 句柄
```

当鼠标移动时，绘制相关图形。

程序运行如图 13-20 所示。

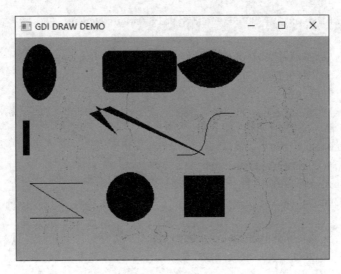

图 13-20   绘图示意

13.9   思考题

1）在窗体上绘制 $\sin(x)+\cos(2x)+\sin(3x)$ 曲线，其中 $x=[0\sim6]$。

2）在窗体上添加 3 个文本框和一个按钮，编写按钮单击事件，计算 2 个文本框内容之和。

3）接 2 题，在窗体上增加菜单选项，菜单完成 3 个文本框内容之和。

4）接 3 题，鼠标右键单击窗口弹出菜单，菜单完成 3 个文本框的清空。

5）接 4 题，在窗体上再添加 1 个文本框和 1 个标签，编写文本框内容改变事件，文本框 4 内容改变之后，将内容显示在标签上。

6）编写一个时钟程序，并绘制时针、分针、秒针和表盘。

7）编写一个程序，利用 wx. ListBox 选项来改变窗口背景颜色。

第14章

图像操作软件包
pillow

pillow 包是图像操作和处理软件包，目前是 6.0 版本，支持 Python 3.0 +。

14.1 图像加载与显示

```
import sys
from PIL import Image
try:
    wawa=Image.open("wawa.png")
except IOError:
    print("no file or cannot open!")
    sys.exit(1)
wawa.show()
```

程序说明：引入图像包 from PIL import Image；加载当前目录下的图像 wawa. png，Image. open ("wawa. png")，函数返回给对象 wawa；使用 try: except IOError：语句处理程序在加载图像时出现的异常；显示图像 wawa. show ( )。

程序运行结果如图 14-1 所示。

图像基本信息：

接上面的程序，输出图像的基本信息，如 wawa. format，

图 14-1　加载图片

wawa. size，wawa. mode 分别输出图像格式、图像大小、图像模式。

```
print("Format: {0}\nSize: {1}\nMode: {2}".format(wawa.format,
    wawa.size, wawa.mode))
```

程序在 console 输出：

Format：PNG

Size：(801, 506)

Mode：RGB

14.2 图像的操作

```
import sys
from PIL import Image,ImageFilter
try:
    wawa=Image.open("ziji.jpg")
except IOError:
    print("no file or cannot open!")
    sys.exit(1)

crop=wawa.crop((10,10,1000,1000))

blur=crop.filter(ImageFilter.BLUR)
blur.show()

gray=blur.convert('L')
gray.show()

rotate=gray.rotate(30)
rotate.show()

rotate.save('rotate.png')
```

程序解释：PIL 库中有许多子库，如：ImageFilter，ImageColor，Im-ageGrab，ImageTk，ImageDraw 等，本程序中使用了 ImageFilter 库，里面包含一些定义好的滤波器，如 BLUR；图像加载后显示，然后进行取块操作，crop（(L，T，R，B)）4 个参数定义了图像上的左上，右下坐标，函数返回取像的图像显示；convert（）函数将图像转换为灰色图，参数'L'代表转换灰色图的方法，显示灰色图；rotate（d）转动，将图像按照给定参数 d 度进行旋转，逆时针为正。

程序运行结果如图 14-2 所示。

图 14-2　图片操作示意

14.3　从互联网上抓取图片

```
import sys
from PIL import Image,ImageFilter
import requests

url="https://n1-q.mafengwo.net/s13/M00/2E/38/wKgEaVyogcSAHCO5AA47K7Jefkg19.
jpeg?imageView2%2F2%2Fw%2F700%2Fh%2F600%2Fq%2F90%7CimageMogr2%2Fstrip%2Fqua
lity%2F90"
try:
    resp = requests.get(url, stream=True).raw
```

```
except requests.exceptions.RequestException as e:
    sys.exit(1)

try:

    wawa=Image.open(resp)
except IOError:
    print("no file or cannot open!")
    sys.exit(1)
wawa.show()

wawa.save('img1.png')
```

程序说明：import requests 引入 requests 库，这个库可以获取互联网上的信息，给定 URL，如程序，我们在网上找到一个图片地址，然后使用 requests. get（）函数，给定 url，stream = True，. raw 属性代表返回的图像数据；Image. open（resp），resp 代表打开的图像。

程序运行结果如图 14-3 所示。

图 14-3　网上图片资源获取

14.4　图像绘制并加水印

```
import sys
from PIL import Image,ImageFilter,ImageDraw,ImageFont
import requests

url="https://n1-q.mafengwo.net/s13/M00/2E/38/wKgEaVyogcSAHCO5AA47K7Jefkg19.
jpeg?imageView2%2F2%2Fw%2F700%2Fh%2F600%2Fq%2F90%7CimageMogr2%2Fstrip%2Fqua
lity%2F90"
try:
    resp = requests.get(url, stream=True).raw
except requests.exceptions.RequestException as e:
    sys.exit(1)

try:
    wawa=Image.open(resp)
except IOError:
    print("no file or cannot open!")
    sys.exit(1)

idraw=ImageDraw.Draw(wawa)
idraw.rectangle((80,80,140,280),fill='blue')

text = "water print"

font = ImageFont.truetype("arial.ttf", size=18)

idraw.text((10, 10), text, font=font)

wawa.show()
```

程序分析：引入 ImageDraw，ImageFont 库；使用 ImageDraw. Draw（）函数，参数为读取的 Image 对象，返回可以绘制图的对象 idraw；然后使用 idraw. retangle（）绘制矩形，并填充 fill = 'blue'；在图像上输出水印" water print"字样，根据 ImageFont（）给定字体和大小；显示图像如图 14-4 所示。

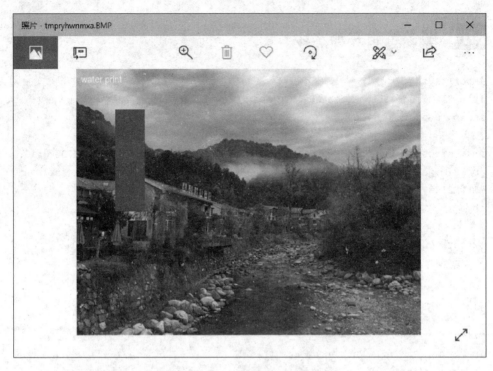

图 14-4　图片处理示意图

14.5　思考题

1）尝试从互联网上下载图片，并使用 pillow 库显示出来。

2）如何将显示的图片做一些滤镜处理？如何抓取图片中的矩形部分？

3）如何在显示的图片上加水印？

第15章

numpy 多维数组

Python 最为常用的 numpy 模块，能够提供多维数组，对数组进行快速操作，以及各种变化的矩阵、矢量等，还包括各种矩阵之间的运算，如统计、线性代数、形状操作、排序、选择、I/O 接口、离散傅里叶变换、随机数等。

numpy 的安装：在 Python 安装目录下，运行：pip install numpy 自动从互联网上下载子程序包，然后安装。

主要特点：

1）线性代数，傅里叶变换和随机数。

2）强大的多维数组对象。

3）复杂的广播函数。

4）与 C + + 等程序的集成工具。

15.1 array 多维数组对象

numpy 最基本的对象是 array，保存同类型数据元素，代表元组数据的索引 index 为整数，数组的维数称为轴 axes。例如三维空间点 [1，2，3] 有一个轴，这个轴含有 3 个元素，所以其长度为 3。而对于 [[1，0，0]，[0.2.2]] 数组，因为中括号内还有中括号，因此有 2 个轴，第一个轴是 2，第二个轴是 3。

numpy 的数组对象是 ndarray 或别名 array，是多维数组，此类的属性包括：

ndarray. ndim　数组的维数，即数组的轴。

ndarray. shap　数组的形状。

ndarray. size　数组大小，总的元素个数。

ndarray. dtype　元素的类型。

ndarray. Itemsize　每个元素的存放字节数。

ndarray. data　数组元素的实际存储变量。

举例：

```
import numpy as np
a=np.arange(15).reshape(3,5)
print(a.shape)
print(a.ndim)
print(a.size)
print(type(a))
```

程序输出：

(3, 5)

2

15

< class'numpy. ndarray' >

说明：使用 np. arange（15）来创建一个一维数组，然后使用数组的 reshape（）函数重新规划数组维数。

数组创建：创建数组方式多样。

```
b=np.array([1,2,3,4,5])  #创建数组([1,2,3,4,5])
c=np.array([1,2,3.3,4.2,5.1])   #整数和浮点数,输出统一为浮点数
d=np.array([(1.5,2,3),(2,3,4)])    #二维数组

print(b)
print(c)
print(d)
```

程序输出：

[1 2 3 4 5]

[1. 2. 3.3 4.2 5.1]

[[1.5 2. 3.]

[2. 3. 4.]]

注意：numpy 数组保存同一类数据。

15.2 数组初始化

```
a=np.zeros((3,4))   #element is zero
print(a)
b=np.ones((3,4))
print(b)
c=np.eye(4)
print(c)
d=np.empty((2,3))
print(d)
```

程序对应的输出：

[[0. 0. 0. 0.]

[0. 0. 0. 0.]

[0. 0. 0. 0.]]

[[1. 1. 1. 1.]

[1. 1. 1. 1.]

[1. 1. 1. 1.]]

[[1. 0. 0. 0.]

[0. 1. 0. 0.]

[0. 0. 1. 0.]

[0. 0. 0. 1.]]

[[2. 89267411e − 307 3. 78288699e − 307 2. 67023463e − 307]

[3. 56034566e − 307 5. 34034702e − 307 1. 00133926e − 307]]

说明：numpy 的 ones（）, zeros（）, eye（）, empty（）用于特殊矩阵初始化。

15.3　创建数序列

```
x=np.arange(10,30,5)
print(x)
t=np.linspace(0,3.1415926,6)
f=np.sin(t)
print(t)
print(f)
```

程序输出：

[10 15 20 25]

[0.　　　　0. 62831852 1. 25663704 1. 88495556 2. 51327408 3. 1415926]

[0. 00000000e + 00 5. 87785244e − 01 9. 51056510e − 01 9. 51056526e − 01

5. 87785287e − 01 5. 35897932e − 08]

说明：arange（）函数生成一系列数据，按起始 10、终止 30、递增 5 的规则生成，最后一个要小于 30；而 linspace（）函数，则起始值和终止值等分份数，注意这里面有 5 个元素。

数组内容输出：

Print（x）函数可以输出数组 x。

15.4 数组操作

1. 操作符

+，－，＊，sin（），＊＊，exp（），sqrt（）等都是对数组元素的操作，注意：不是线性代数的计算规则，例如：

```
import numpy as np
a=np.arange(4)
b=np.array(np.linspace(9,6,4))
print(a)
print(b)
print(a+b)
print(a-b)
print(a*b)
print(a-np.sin(b))
```

程序输出：

$$[0\ 1\ 2\ 3]$$
$$[9.\ 8.\ 7.\ 6.]$$
$$[9.\ 9.\ 9.\ 9.]$$
$$[-9.\ -7.\ -5.\ -3.]$$
$$[0.\ 8.\ 14.\ 18.]$$
$$[-0.41211849\quad 0.01064175\quad 1.3430134\quad 3.2794155]$$

注意：以上的操作符都是对一位数组的元素进行计算，与 Python 的变量操作一致，包括：简化的赋值语句，如 ＊＝，－＝，＋＝等操作符，但操作符的数组元素类型必须保持一致，即待操作的 2 个元素的数据类型必须一致，否则会出错。

2. 数组方法

数组对象带有 3 个基本的方法，即最小值 min、最大值 max 与求和 sum，还可以指定对哪个 axis 的数据进行计算，例如：

```
b=np.array(np.linspace(9,6,4))
print(b)
print(b.sum(axis=0))
print(b.min(axis=0))
print(b.max())
```

程序输出：

$$[9.\ 8.\ 7.\ 6.]$$

30. 0

6. 0

9. 0

3. 数组乘积操作

@ 或 . dot（）

```
a=np.arange(4)
print(a)
b=np.array(np.linspace(9,6,4))
print(b)
print(a.dot(b))
print(a@b)
```

程序输出：

[0 1 2 3]

[9. 8. 7. 6.]

40. 0

40. 0

注意：2 个一维数组 a，b 点积的关系。

4. 数组索引与片段

一维数组的索引与 list 类似，多维数组的索引按照 axis 进行，类似一维数的索引，例如：

```
a=np.arange(4).reshape(4)
print("1 dim array")
print(a)
print(a[2])
print(a[1:2])
print(a[:3:2])
b=np.arange(15).reshape(3,5)
print("2 dim array")
print(b)
print(b[2])
print(b[0:5,1])
print(b[1:3,:])
```

程序输出：

1 dim array

[0 1 2 3]

2

[1]

[0 2]

2 dim array

[[0 1 2 3 4]

[5 6 7 8 9]

[10 11 12 13 14]]

[10 11 12 13 14]

[1 6 11]

[[5 6 7 8 9]

[10 11 12 13 14]]

注意：二维数组的索引有 2 个小标，用逗号隔开，每个小标按一维数组的索引逻辑，例如：print（b［0：5，1］）表明 0：5 行，第 1 列；而 print（b［1：3,:］）表明 1：3 行,：代表全部列。

15.5 数组的变形

数组可以使用 reshape() 方法把数组重新变形赋值给新的数组，但并不是改变原来数组的形状，例如：

```
b=np.floor(10*np.random.random((3,4)))
print(b)
print(b.T)
print(b.reshape(2,6))
print(b)
```

程序输出：

[[6. 0. 8. 5.]

[9. 4. 8. 2.]

[5. 7. 7. 6.]]

[[6. 9. 5.]

[0. 4. 7.]

[8. 8. 7.]

[5. 2. 6.]]

[[6. 0. 8. 5. 9. 4.]

[8. 2. 5. 7. 7. 6.]]

[[6. 0. 8. 5.]

[9. 4. 8. 2.]

[5. 7. 7. 6.]]

　　说明：采用 numpy 中的 random 函数生成一个随机数组［3，4］，然后对这个数组的元素 * 10，然后取 floor 值，数组给 b = np. floor（10 * np. random. random（（3，4）），b. T 数组转置，数组变形为 2 行 6 列 b. reshape（2，6），最后再次输出 b 数组，发现 b 数组的内容没有变化。

15.6　数组之间的叠加

　　数组可以进行垂直叠加、水平叠加，numpy 提供函数 vstack，hstack。

```
b=np.floor(10*np.random.random((3,4)))
c=np.vstack((b,b-3))
print(c)
a=np.array([4,2])
b=np.array([1,3])
c=np.vstack((a,b))
print(c)
c=np.hstack((a,b))
print(c)
```

　　程序输出：
[[3.　7.　3.　2.]
[9.　1.　9.　3.]
[3.　0.　0.　3.]
[0.　4.　0.　-1.]
[6.　-2.　6.　0.]
[0.　-3.　-3.　0.]]
[[4 2]
[1 3]]
[4 2 1 3]

　　注意：vstack，hstack 函数的参数需要用括号（），代表一个参数传递给函数。

　　numpy 关于数组的函数还有很多，比如：vspilt（），hspilt（）等函数，可参考手册，灵活运用。

15.7　线性代数

　　numpy 中含有一个 linalg 包，用于求解矩阵的逆、特征值等功能。

　　矩阵求逆：np. linalg. inv（a）。

求特征值：np. linalg. eig （a）。

求迹：np. trace （a）。

```
a=np.array([[1.0,2.0],[3.0,4.0]])
print(a)
at=a.transpose()
ata=at.dot(a)
print(ata)
invata=np.linalg.pinv(ata)
print(invata)
eye=ata.dot(invata)
print(eye)
```

输出：

[[1. 2.]

[3. 4.]]

[[10. 14.]

[14. 20.]]

[[5.   -3.5]

[-3.5 2.5]]

[[1.00000000e+00 -7.10542736e-15]

[0.00000000e+00 1.00000000e+00]]

15.8 矢量的点积与叉积

点积：np. dot 在 numpy 中使用 np. dot 来获得矩阵之间的点积。

叉积：np. cross 在 numpy 中使用 np. cross 来求矩阵之间的叉积。

```
x = np.array([1, 2, 3]).transpose()
y = np.array([4, 5, 6]).transpose()
zcross=np.cross(x, y)
zdot=np.dot(x,y)
print(zcross)
print(zdot)
```

程序输出：

[-3 6 -3]

32

说明：求点积和叉积的数组都是一维数组，numpy 中没有列矢量概念，因为程序中使用 numpy 数组的转置函数并没有什么作用。

15.9　思考题

1）初始化 2 个数组 a，b，具有相同的维数，计算 dot（a，b）和 cross（a，b）。

2）初始化一个 0 ~ 99 的数组，随机分布或平均分布或为空。

3）使用 arange（）和 linspace 初始化 2 个数组，1 个数组 A 为 3 × 3，一个数组 B 为 3 × 1，计算 x = np. dot（inv（A），B），并输出。

4）方阵如何求逆？序列数据集如何转化为 numpy 一维数组？

5）numpy 的一维数组如何变形？如何叠加？数组元素如何索引？

第16章

matplotlib 科学绘图

matplotlib 用于科学绘图的软件包,用途广泛。其安装指令: pip install matplotlib。

16.1 入门示例

绘制图形可以分成多个层次,从简单到复杂,绘图的目的是尽可能容易地可视化数据。matplotlib 是最为顶层的模块,在此层中加 line,images,text 等;下一个层次是接口,如图形、轴创建、精确跟踪图和轴对象等;再下一个层次则是窗口对象等,可以舍弃。

Data 数据格式: numpy. array 格式。

Figure 图: 创建图的方式很多,fig = plt. figure ( )。

axes 轴: 图上可以有很多轴对象,但当前起作用的轴只有一个,轴对象提供的方法可以设置刻度、标签、题目、数据极限等。

legend 图文:

示例程序:

```
import numpy as np
import matplotlib.pyplot as plt

x = np.linspace(0, 2, 100)

plt.plot(x, x, label='linear')

plt.plot(x, x**2, label='quadratic')

plt.plot(x, x**3, label='cubic')

plt.xlabel('x label')

plt.ylabel('y label')

plt.title("Simple Plot")

plt.legend()
```

```
plt.show()
```

程序的图形输出如图 16-1 所示。

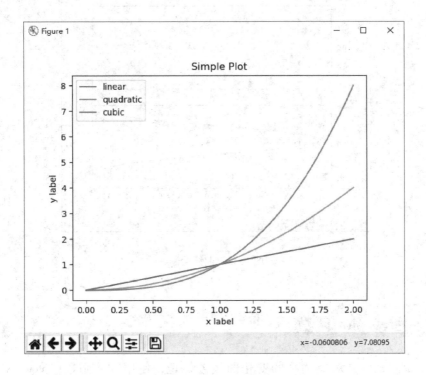

图 16-1　曲线绘制

说明：plt. plot 函数用于绘制曲线，直接使用给定的 x 轴数据、y 轴数据和标签；可在一张图上绘制多条曲线；最后需要将绘制好的图像显示出来。

例题：

```
x=np.linspace(0.,8.,40)
y=np.sin(x)
fig,ax=plt.subplots(2,1)   #创建绘图画面后，把 figure,axes 对象返回,然后在 axes 对象 ax 上绘图
ax[0].plot(x,y)
ax[1].plot(y,x)
plt.show()
```

图形输出：subplot（2,1）创建 2 行 1 列的子图，并返回图形 fig，ax 对象，然后在子图上绘制曲线（x，y）和（y，x），如图 16-2 所示。

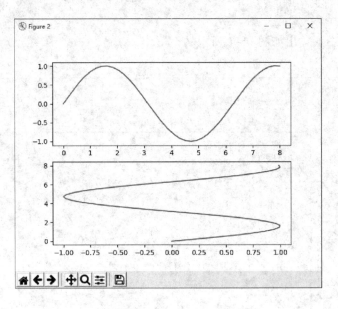

图 16-2　曲线绘制

16.2　曲线 plot 函数

绘制（x，y）对应关系的变化曲线或标记，使用 plot 函数；plot（x，y，[fmt]，＊＊kwargs）x，y 为对应的一维数组，fmt 是短字符，用于定义 color，marker & linestyle；而＊＊kwargs 是一个字典对象，程序举例如下：

```
x=np.linspace(0.,8.,40)
y=np.sin(x)
fig,ax=plt.subplots(2,1)  #创建绘图画面后，把 figure,axes 对象返回,然后在 axes 对象 ax 上绘图
ax[0].plot(x,y,color='green',marker='x',linestyle='dashed',linewidth=1,markersize=9)
ax[1].plot(y,x,color='blue',marker='o',linestyle='dashed',linewidth=1,markersize=3)

plt.show()
```

程序的输出图形如图 16-3 所示。

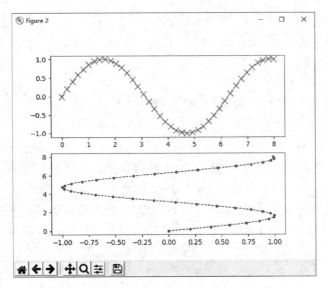

图 16-3　曲线绘制

实时曲线绘制：

```
import numpy as np
import matplotlib.pyplot as plt

def fn1(x):
    return np.sin(x)-2*np.cos(x)+np.sin(3*x)
def fn2(x):
    return np.cos(x)-2*np.sin(x)+np.cos(3*x)

def plots(i, y1, y2):
    plt.figure(2)
    plt.subplot(211)
    plt.plot(i, y1, '.')
    plt.subplot(212)
    plt.plot(i, y2, '.')


    plt.pause(0.001)   # 暂停，动画性质显示


plt.ion()
x = np.linspace(-10, 10, 500)
```

```
y = []    #绘图数据
for i in range(len(x)):
    y1 = fn1(i / (3 * 3.14))
    y2 = fn2(i / (3 * 3.14))
    #y.append(np.array([y1,y2])) #保存绘图数据
    plots(i, y1, y2)
```

程序说明：引入 numpy，matlibplot 模块，plt.ion（）函数是交互式绘图的关键函数；给定 x 坐标数据，计算 y1，y2 数组数据，分别调用函数 fn1，fn2；在函数中，使用了 np.sin（），np.cos（）函数做了计算，得到的 y1，y2 可以保存在 y 变量里；然后执行函数 plots（i，y1，y2），在这个函数中，首先将绘图区域分成上下 2 部分，subplot（211），subplot（212），分别绘图 plt.plot（i，y1，'.'），plt.plot（i，y2，'.'），绘图完毕后，需要暂停 0.001s，执行 plt.pause（0.001）。

程序动态显示结果如图 16-4 所示。

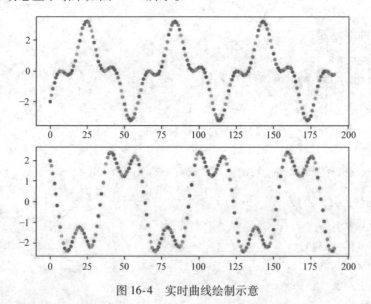

图 16-4　实时曲线绘制示意

16.3　多图绘制

subplot（）函数能够在一个窗口绘制多个图形，subplot（nrows，ncols，index，**kargs）函数返回 axes 对象，nrows，ncols 表明图标上有按矩阵分布的 nrows * ncols 图，index 代表顺序索引，若指定，则返回图形轴对象。注意：由于

画面的范围，三个整数都应该在 10 范围内；＊＊kwargs 是一个字典，画面的 title、legend、snap 等为属性的设置。

程序举例：

```
ax1=plt.subplot(2,2,1)
ax2=plt.subplot(222,frameon=False)
ax3=plt.subplot(223,projection='polar')
plt.subplot(224, sharex=ax1, facecolor='red')
plt.subplot(ax2)
plt.show()
```

程序输出如图 16-5 所示。

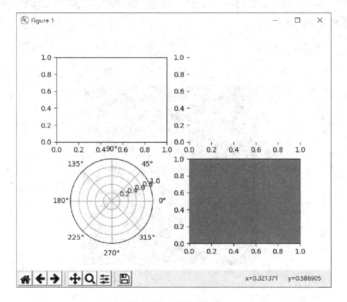

图 16-5　多图绘制

注意：subplots（）与 subplot（）不一样。

16.4　图像显示

imshow（）函数显示 images 格式图形。

函数原型：

imshow（X，cmap＝None，norm＝None，aspect＝None，interpolation＝None，alpha＝None，……）

函数的众多参数中，X 最为重要，是一个图像数据数组，可以是［M，N］类型、［M，N，3］类型或［M，N，4］类型。

程序举例：

```
delta = 0.025
x = y = np.arange(-3.0, 3.0, delta)
X, Y = np.meshgrid(x, y)
Z1 = np.exp(-X**2 - Y**2)
Z2 = np.exp(-(X - 1)**2 - (Y - 1)**2)
Z = (Z1 - Z2) * 2
fig, ax = plt.subplots()
im = ax.imshow(Z,  extent=[-3, 3, -3, 3],
               vmax=abs(Z).max(), vmin=-abs(Z).max())
plt.show()
```

程序输出如图 16-6 所示。

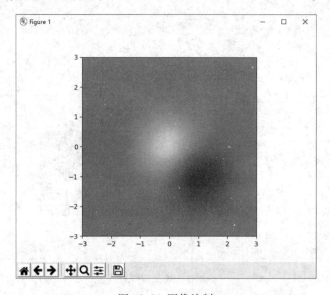

图 16-6　图像绘制

说明：这个显示图像的程序是通过函数数字计算出来的，其中 x，y 是一维数组，arange［-3，3，0.025］，采用 meshgrid 函数转换成网格，然后计算网格上的点的像素值，最后绘制成图 16-6。其中，［X，Y］ = meshgrid（x，y）将向量 x 和 y 定义的区域转换成矩阵 X 和 Y，其中矩阵 X 的行向量是向量 x 的简单复制，而矩阵 Y 的列向量是向量 y 的简单复制。图像的像素值都在 0～1 范围内，因此使用 exp（）函数。

16.5 特征绘图

1. 轮廓图

contourf（）函数，pcolormesh（）函数完成轮廓图的绘制，contourf（[X，Y]Z，[levels]，＊＊kwargs），[X，Y] Z 是图形 x，y 坐标点的 z 像数值程序举例：

```
dx, dy = 0.5, 0.5
y, x = np.mgrid[slice(1, 5 + dy, dy),
                slice(1, 5 + dx, dx)]
z = np.sin(x)**10 + np.cos(10 + y*x) * np.cos(x)
z = z[:-1, :-1]
fig, (ax0, ax1) = plt.subplots(nrows=2)
im = ax0.pcolormesh(x, y, z)
fig.colorbar(im, ax=ax0)
ax0.set_title('pcolormesh')
cf = ax1.contourf(x[:-1, :-1] + dx/2.,
                  y[:-1, :-1] + dy/2., z)
fig.colorbar(cf, ax=ax1)
ax1.set_title('contourf')
fig.tight_layout()
plt.show()
```

程序绘制图形如图 16-7 所示。

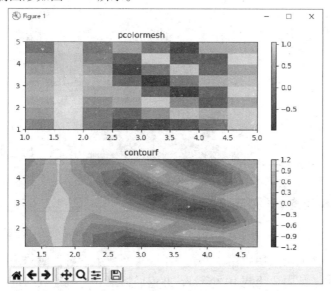

图 16-7 轮廓图

说明：其中 Z 的元素要与 X，Y 有对应关系，z = z［: -1,: -1］表示要去掉 z 的最后一个元素。

2. 直方图

hist（）函数绘制二维统计图，横坐标是统计样本，纵坐标是该样本的某个度量。函数原型：hist（x，bins，…），其中 x 是一维数组，bins 代表统计的数据集个数或是一个数据集序列，代表 x 数据的一个范围；程序举例如下：

```
np.random.seed(1)
x =100+ 15 * np.random.randn(1000)
# the histogram of the data
p, bins, patches = plt.hist(x, 10, density=True, facecolor='g')
plt.xlabel('bins')
plt.ylabel('p')
plt.title('Hist')
plt.axis([40, 160, 0, 0.04])
plt.grid(True)
plt.show()
```

程序图形输出如图 16-8 所示。

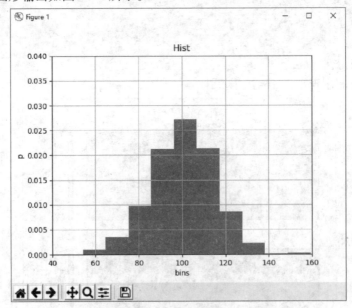

图 16-8　直方图

程序说明：随机数初始化，生成一维随机数数组，对生成的一维数组进行统计直方图绘制，其中要绘制 10 个 bar，并返回概率 p 与统计数据范围的对应关系数据。

3. 三维图

支持多种三维图绘制，创建图版获得三维图的坐标轴对象，然后使用坐标轴对象的方法来绘制各种三维图。

三维轴对象 Axes3D 对象，是 Python 带的工具包，需要 import 语句引入工具包，参考程序如下：

```python
import numpy as np
import matplotlib.pyplot as plt
from mpl_toolkits.mplot3d import Axes3D
fig = plt.figure()
ax = fig.add_subplot(111, projection='3d')
```

三维图形绘制开始，需要创建三维坐标系，如上程序的 ax 对象。

线图 plot（x，y，z，＊＊kvargs），程序示例如下：

```python
theta = np.linspace(-4 * np.pi, 4 * np.pi, 100)
z = np.linspace(-2, 2, 100)
r = z**2 + 1
x = r * np.sin(theta)
y = r * np.cos(theta)

ax.plot(x, y, z, label='3d plot curve')
ax.legend()

plt.show()
```

程序输出图形如图 16-9 所示。

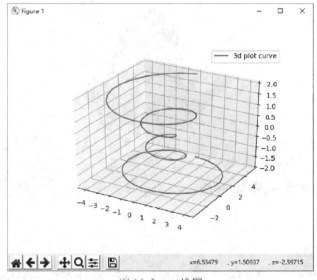

图 16-9　三维图

4. 三维网图

plot_ wireframe（x，y，z，＊＊kvargs），x，y 是一维数组，而 z 是二维数组，举例如下：

```
import numpy as np
import matplotlib.pyplot as plt
from mpl_toolkits.mplot3d import Axes3D
fig = plt.figure()
ax = fig.add_subplot(111, projection='3d')
# data.
X = np.arange(-5, 5, 0.25)
Y = np.arange(-5, 5, 0.25)
X, Y = np.meshgrid(X, Y)
R = np.sqrt(X**2 + Y**2)
Z = np.sin(R)
# surface.
surf = ax.plot_wireframe(X, Y, Z)

plt.show()
```

程序输出图形如图 16-10 所示。

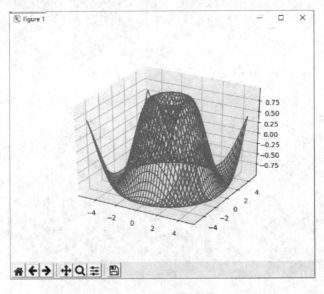

图 16-10　三维网图

5. 三维面图

plot_ surface（x，y，z，＊＊kvargs），其中 x，y 是一维数组，z 是二维数

组；举例如下（程序仅列出部分）：

```
# data.
X = np.arange(-5, 5, 0.25)
Y = np.arange(-5, 5, 0.25)
X, Y = np.meshgrid(X, Y)
R = np.sqrt(X**2 + Y**2)
Z = np.sin(R)
# surface.
surf = ax.plot_surface(X, Y, Z,linewidth=0, antialiased=False)
```

程序输出如图 16-11 所示。

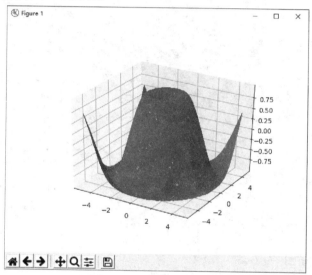

图 16-11　三维面图

6. 三维流场图

quiver（x，y，z，u，v，w），参变量，x，y，z是坐标，u，v，w是坐标点的箭头方向矢量，举例如下：

```
# grid
x, y, z = np.meshgrid(np.arange(-0.8, 1, 0.2),
                      np.arange(-0.8, 1, 0.2),
                      np.arange(-0.8, 1, 0.8))

# direction data of arrows
u = np.sin(np.pi * x) * np.cos(np.pi * y) * np.cos(np.pi * z)
v = -np.cos(np.pi * x) * np.sin(np.pi * y) * np.cos(np.pi * z)
```

```
w = (np.sqrt(2.0 / 3.0) * np.cos(np.pi * x) * np.cos(np.pi * y) *
    np.sin(np.pi * z))


ax.quiver(x, y, z, u, v, w, length=0.1, normalize=True)


plt.show()
```

程序输出图形如图 16-12 所示。

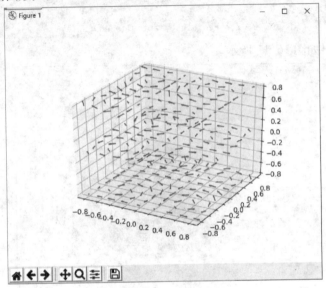

图 16-12　三维流场图

7. 二维流场图

二维流场图实际上是二维图，用函数 streamplot（x，y，u，v）完成，参数 x，y 代表坐标，而 u，v 代表坐标点的矢量箭头。

```
import numpy as np
import matplotlib.pyplot as plt


fig = plt.figure()
ax = fig.add_subplot(111)
w = 3
Y, X = np.mgrid[-w:w:100j, -w:w:100j]
U = -1 - X**2 + Y
V = 1 + X - Y**2
speed = np.sqrt(U*U + V*V)


ax.streamplot(X, Y, U, V, density=[0.5, 1])
```

```
plt.show()
```

程序运行结果如图 16-13 所示。

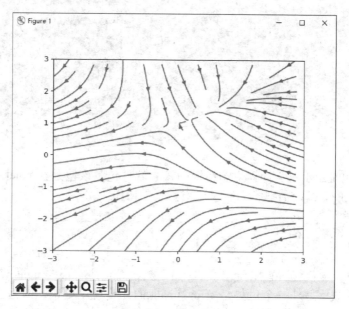

图 16-13　二维流场图

16.6　思考题

1）在一个画板上绘制 4 条曲线，曲线之间关系为：$x, x^2, \exp(x), \sin(x)$，其中 $x = 0 \sim 1$。

2）如何标记绘制的图形坐标刻度？接 1 题，标记 x 轴，y 轴刻度。

3）如何在一个绘图板上绘制多个图形？函数 subplots（）与 subplot（）之间的区别是什么？

4）在一个绘图板上绘制 3×2 个图，并给每个图形进行 title 标记。

5）如何绘制三维流场图和二维流场图？

6）如何显示一个计算图像？完成随机产生一个 200×300 的像素图像并显示。

第17章

scipy科学计算

　　scipy 包是用于科学计算生态系统的核心软件包，该包是在 numpy 软件包的基础上研发的，因此需熟悉 numpy 中对数据的操作。

17.1 线性代数

　　scipy. linalg 包含所有 numpy. linalg 的函数，而且还有很多 numpy. linalg 没有的先进的函数；另外一个优势是 scipy. linalg 的计算速度更快，因为它有 BLAS/LAPACK 的支持。

　　在 numpy 中有 matrix 类，与数组 array 不同，但它们之间可以互相转换，而且支持 matlab 中类似的语法规则，可以使用 ∗，I，T 等操作，例如：

```
import numpy as np
A=np.mat('[1 2;3 4]')
print(A)
print(A.I)
print(A.T)
b=np.mat('[1;2]')
print(b)
print(A*b)
```

　　在这个程序中，使用了 numpy. matrix 类来设计数据对象，但这种方式不推荐使用，因为会引起一些冲突。因此上面的程序可修改如下：

```
import numpy as np
from scipy import linalg

A=np.array([[1.,2.],[3.,4.]])
print(A)
print(linalg.inv(A))
b=np.array([1,2])
print(b.T)
print(A.dot(b.T))
print(A.dot(b))
```

程序输出：

[[1. 2.]

[3. 4.]]

[[-2.　　1.]

[1.5 -0.5]]

[1 2]

[5. 11.]

[5. 11.]

说明：A. dot（b）与 A. dot（b. T）结果一致，print（b. T）与 print（b）结果一致，因为都是 numpy 的 array。

1. 矩阵求逆，行列式值，范数

```
import numpy as np
from scipy import linalg

A=np.array([[1.,2.],[3.,4.]])
print(A)
print(linalg.inv(A))
print(linalg.inv(A).dot(A))
b=np.array([1,2])
print(linalg.det(A))      #行列式值
print(linalg.norm(A,2))
print(linalg.norm(A,1))
print(linalg.norm(A,-1))    #范数 2，1，-1
print(linalg.norm(b,2))
```

程序输出结果：

[[1. 2.]

[3. 4.]]

[[-2.　　1.]

[1.5 -0.5]]

[[1.00000000e +00 0.00000000e +00]

[2.22044605e -16 1.00000000e +00]]

-2.0

5.464985704219043

6.0

4.0

2.23606797749979

说明：det（）函数求行列式值，参数 *A* 必须是方阵，norm（）函数求范数，给定参数 1、2 等分别求解 1 范数、2 范数等；矩阵求逆 inv（）返回逆矩阵。

2. 特征值

Linalg. eig（）函数返回特征值和特征向量。

```
A=np.array([[1.,3.,2.],[1.,4.,5.],[2.,3.,6.]])
la,v=linalg.eig(A)
print(la)
print(v)
```

程序输出：

$$[9.90012467 +0.j \quad 0.54993766 +0.89925841j \ 0.54993766 -0.89925841j]$$
$$[[0.36702395 +0.j \quad -0.80395191 +0.j \quad -0.80395191 -0.j \quad]$$
$$[0.63681656 +0.j \quad -0.07075957 -0.43056716j \ -0.07075957 +0.43056716j]$$
$$[0.67805463 +0.j \quad 0.2870536 \ +0.28437048j \ 0.2870536 \ -0.28437048j]]$$

说明：输出第一行是特征值，后面是特征矩阵。

3. 伪逆

pinv（）与 pinv2（）效果一样，只是内部计算的方法不一样；pinv（）函数返回的伪逆，如果 *A* 矩阵的 m > n，那么 A. dot（Ap）才能返回单位矩阵 *n* × *n*；如果 m < n，那么 Ap. dot（A）返回 *m* × *m* 单位矩阵。

```
import numpy as np
from scipy import linalg

A=np.array([[1.,3.,2.],[1.,4.,5.]])
Ap=linalg.pinv(A)   #等效 linalg.pinv2(A)
print(Ap)
print(A.dot(Ap))  #Ap.dot(A) 单位阵
```

程序输出：

$$[[0.3220339 \quad -0.15254237]$$
$$[0.57627119 \ -0.22033898]$$
$$[-0.52542373 \ 0.40677966]]$$
$$[[1.00000000e +00 \ -1.11022302e -16]$$
$$[-8.88178420e -16 \ 1.00000000e +00]]$$

伪逆举例：

```
A=np.array([[1.,3.,2.],[1.,4.,5.],[4.,3.,2.],[1.,4.,7.]])
Ap=linalg.pinv(A)    #等效 linalg.pinv2(A)
print(Ap)
print(Ap.dot(A))   #与 Ap.dot(A)完全不一样
```

程序输出结果：

$$[[-0.24148372 \quad -0.13777441 \quad 0.32626798 \quad 0.07418622]$$
$$[0.52535958 \quad 0.21196064 \quad -0.11733535 \quad -0.2679788]$$
$$[-0.29523089 \quad -0.05715367 \quad 0.02271007 \quad 0.26154428]]$$
$$[[1.00000000e+00 \quad 0.00000000e+00 \quad 1.11022302e-16]$$
$$[7.77156117e-16 \quad 1.00000000e+00 \quad 8.88178420e-16]$$
$$[-4.44089210e-16 \quad 0.00000000e+00 \quad 1.00000000e+00]]$$

4. 奇异值与 QR 分解

$A = USVh$，其中 U 和 Vh 都是方阵、S 是奇异值；$A = QR$，其中 Q 是酉方阵、R 是上三角阵。

```
import numpy as np
from scipy import linalg

A=np.array([[1.,3.,2.],[1.,4.,5.],[2.,3.,6.]])
M,N= A.shape
U,S,Vh=linalg.svd(A)
print(U)
print(linalg.diagsvd(S,M,N))
print(Vh)

Q,R=linalg.qr(A)
print(Q)
print(R)
```

程序输出：

$$[[-0.34759754 \quad -0.73686997 \quad -0.57982635]$$
$$[-0.63946222 \quad -0.26596771 \quad 0.72135237]$$
$$[-0.68575798 \quad 0.62151736 \quad -0.37875078]]$$
$$[[10.08403701 \quad 0. \quad 0.]$$
$$[0. \quad 1.70358188 \quad 0.]$$
$$[0. \quad 0. \quad 0.64031731]]$$
$$[[-0.23389201 \quad -0.56107643 \quad -0.7940326]$$
$$[0.1409953 \quad -0.827626 \quad 0.54328218]$$
$$[-0.96198485 \quad 0.0151145 \quad 0.27268425]]$$

$$\begin{bmatrix} [\ -0.40824829 & -0.34503278 & -0.84515425 \ ] \\ [\ -0.40824829 & -0.75907212 & 0.50709255 \ ] \\ [\ -0.81649658 & 0.55205245 & 0.16903085 \ ]] \end{bmatrix}$$

$$\begin{bmatrix} [\ -2.44948974 & -5.30722778 & -7.75671752 \ ] \\ [\ 0. & -2.41522946 & -1.17311145 \ ] \\ [\ 0. & 0. & 1.85933936 \ ]] \end{bmatrix}$$

17.2 插值

1. 一维插值

首先要引入 scipy 的插值包 import matplotlib. pyplot as plt，然后使用 interp1d（）函数求解插值函数并返回。例如：

```python
import numpy as np
from scipy import interpolate
import matplotlib.pyplot as plt

x = np.linspace(0, 10, num=11, endpoint=True)
y = np.cos(-x**1.6/6.0)
f = interpolate.interp1d(x, y)
f2 = interpolate.interp1d(x, y, kind='cubic')
xnew = np.linspace(0, 10, num=41, endpoint=True)
plt.plot(x, y, 'o', xnew, f(xnew), '-', xnew, f2(xnew), '--')  #f,f2是插值函数
plt.legend(['data', 'linear', 'cubic'], loc='best')
plt.show()
```

程序图形输出如图 17-1 所示。

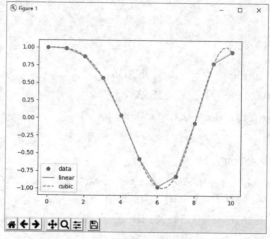

图 17-1　一维插值示意

说明：一维插值函数 interpld（x，y，＊＊kvargs）下，其中 x 和 y 是一对离散点，kvargs 是字典，用于给定插值方法等；在绘制图形的时候，设置了 3 个 legend，因为有 3 条曲线，因此可以有 3 个线标。

scipy 中插值的方法很多，如样条插值：

```
f=interpolate.InterpolatedUnivariateSpline(x,y)
```

这条语句可以替代上面的 `f = interpolate.interp1d(x, y)`，实现一维样条插值方式。

2. 二维插值

$z = f(x, y)$ 使用 griddata（）函数来完成面插值，其中 x 和 y 都是一维数组、z 是二维数组与（x，y）数据对对应；函数返回值是插值结果数据对。

```python
import numpy as np
from scipy.interpolate import griddata
import matplotlib.pyplot as plt
#z=f(x,y)函数，用于拟合的面
def func(x, y):
    return x*(1-x)*np.cos(4*np.pi*x) * np.sin(4*np.pi*y**2)**2


grid_x, grid_y = np.mgrid[0:1:100j, 0:1:200j]    #2 万个(x,y)数据对
points = np.random.rand(1000, 2)          #1000 个离散点，用于插值
values = func(points[:,0], points[:,1])     #计算离散点数据对(x,y)对应的 z 值
grid_z0 = griddata(points, values, (grid_x, grid_y), method='nearest')    #griddata 函数
grid_z1 = griddata(points, values, (grid_x, grid_y), method='linear')     #griddata 函数
grid_z2 = griddata(points, values, (grid_x, grid_y), method='cubic')      #griddata 函数


plt.subplot(221)   #绘制 2*2 的图
plt.imshow(func(grid_x, grid_y), extent=(0,1,0,1), origin='lower')
plt.plot(points[:,0], points[:,1], 'k.', ms=1)
plt.title('Original')
plt.subplot(222)
plt.imshow(grid_z0, extent=(0,1,0,1), origin='lower')
plt.title('Nearest')
plt.subplot(223)
plt.imshow(grid_z1, extent=(0,1,0,1), origin='lower')
plt.title('Linear')
plt.subplot(224)
plt.imshow(grid_z2, extent=(0,1,0,1), origin='lower')
plt.title('Cubic')
plt.gcf().set_size_inches(6, 6)
plt.show()
```

程序输出的图形如图 17-2 所示。

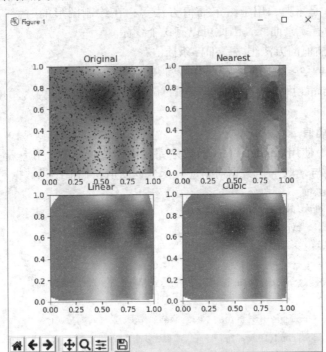

图 17-2　二维插值示意

17.3　傅里叶变换

1. 快速傅里叶变换

一维时间序列数组，快速傅里叶变换 fft（）转换为傅里叶数；ifft（）逆变换：将傅里叶数组转换为时间序列数组。

（1）傅里叶变换。

$$y[k] = \sum_{n=0}^{N-1} e^{-2\pi j \frac{kn}{N}} x[n]$$

（2）逆傅里叶变换。

$$x[n] = \frac{1}{N}\sum_{k=0}^{N-1} e^{2\pi j \frac{kn}{N}} y[k]$$

程序举例：

```
import numpy as np
from scipy.fftpack import fft,ifft
x = np.array([1.0, 2.0,0.5,1.0,0.3,0.7,10])
y=fft(x)
print(y)
yinv=ifft(y)
print(yinv)
```

程序输出：

$[15.5 \quad +0.\,j \qquad 7.04359297+6.14591882j \quad -1.94087711+8.25992859j$
$-9.35271587+2.63225408j \quad -9.35271587-2.63225408j \quad -1.94087711-8.25992859j$
$\quad 7.04359297-6.14591882j]$

$[1. \quad +0.\,j \quad 2. \quad +0.\,j \quad 0.5+0.\,j \quad 1. \quad +0.\,j \quad 0.3+0.\,j \quad 0.7+0.\,j \quad 10. \quad +0.\,j]$

说明：将时间序列进行快速傅里叶变换后，形成一个复数的数组，这个数组代表 fft 变换的结果，将 fft 变换的结果进行逆变换后的序列依然是一个复数数组，但元素的虚数项都为 0，实数部分与原始时间序列数一致，说明 fft 与 ifft 构成可逆变换。

2. 离散余弦变换

变换公式为

$$y[k] = x_0 + (-1)^k x_{N-1} + 2\sum_{n=1}^{N-2} x[n]\cos\left(\frac{\pi nk}{N-1}\right)$$

程序举例：

```
import numpy as np
from scipy.fftpack import dst,idst


x = np.array([1.0, 2.0, 1.0, -1.0, 1.5])
y=dst(x,type=2)
print(y)
yinv=idst(y,type=2)
print(yinv)
```

程序输出：

$[9. \qquad 2.575655 \quad 1.42705098 \quad -6.29412435 \quad 1.92705098]$
$[10. \quad 20. \quad 10. \quad -10. \quad 15.]$

3. 离散正弦变换

变换公式为

$$y[k] = 2 \sum_{n=0}^{N} x[n] \sin\left(\frac{\pi(n+1)(k+1)}{N+1}\right)$$

程序举例：

```
import numpy as np
from scipy.fftpack import dst,idst

x = np.array([1.0, 2.0, 1.0, -1.0, 1.5])
y=dst(x,type=2)
print(y)
yinv=idst(y,type=2)
print(yinv)
```

程序输出：

[5.16311896 5.11855385 2.66311896 -4.47776803 5.   ]
[10.   20.   10.   -10.   15.]

注意：无论是离散余弦函数变换还是正弦函数变换，变换结果有区别，但进行逆变换的结果都对原时间序列进行了比例调整。

17.4 微分方程组

微分方程组的一般形式：

$$\dot{x} = F(x,t) = F(x)$$

式中，x 代表随时间变化的状态变量；t 代表状态变量返回值的时间数组。需要给定一维数组，方程的左边是状态变量导数。其求解的方法包括欧拉法、改进欧拉法、龙格库塔法等，后面的方法都是对欧拉法的改进，只是在计算精度上有所提高，例如不变步长的欧拉法：

$$x[k+1] = x[k] + F(x[k])\Delta t$$

程序举例：使用 odeint（）方法求解微分方程组。

```
import numpy as np
from scipy.integrate import odeint
def pend(y, t):
    b = 0.25
    c = 5.0
    theta, omega = y
    dydt = [omega, -b*omega - c*np.sin(theta)]
    return dydt
```

```
y0 = [np.pi - 0.1, 0.0]
t = np.linspace(0, 50, 201)
sol = odeint(pend, y0, t)

import matplotlib.pyplot as plt
plt.plot(t, sol[:, 0], 'b', label='theta(t)')    #blue color 绘制
plt.plot(t, sol[:, 1], 'g', label='omega(t)')    #green color 绘制
plt.legend(loc='best')       #选择最好的位置绘制图例
plt.xlabel('t')
plt.grid()
plt.show()
```

程序输出如图 17-3 所示。

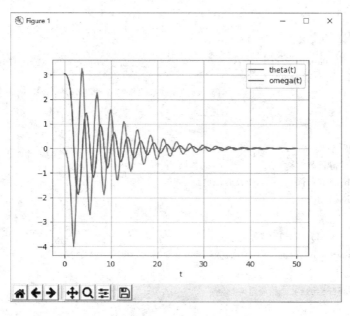

图 17-3　时间历程图

说明：简单的倒立摆仿真，倒立摆的动力学方程为

$$\ddot{\theta} + b\dot{\theta} + c\sin(\theta) = 0$$

先将方程转换为方程组的形式：

$$\dot{\theta} = \omega$$

$$\dot{\omega} = -b\omega - c\sin(\theta)$$

将方程组定义为函数：

def pend（y，t）

然后给状态变量初值，y0 = ［np. pi － 0. 1，0. 0］

再后使用 odeint（）函数进行积分，积分结果返回到 sol，sol 是二维数组，分别代表 2 个状态变量随时间 t 的变化值。

17.5 非线性方程组求解

非线性方程组的典型形式如下：

$$0 = F(x)$$

式中，x 为数组，有多少个 x 就应该有对应数的方程式；$F(x)$ 代表这些方程式，求解这个方程组时，使用 scipy 提供最优求解方式 fsolve，例题如下：

$$0 = -3x_1 + 2x_0 + 1$$
$$0 = \sin(x_0) - \cos(x_1) + 1$$

求解程序如下：

```python
import numpy as np
from scipy.optimize import fsolve
import math

#非线性方程
def nonlinear(xt):
    dxt1=-3*xt[1]+2*xt[0]+1
    dxt2=math.sin(xt[0]) - math.cos(xt[1])+1
    return [dxt1,dxt2]


xt0=np.array([0,1])    #初始值
result = fsolve(nonlinear, xt0)    #求解非线性方程，实际上是最优结果
print(result)
non= nonlinear(result)  #检验结果
print(non)
```

程序输出结果：

［ － 0. 04555849　0. 302961］

［0. 0，0. 0］

说明：程序引进了 scipy 最优化包中的 fsolve 函数，from scipy. optimize import fsolve，待求解的方程组为 nonlinear（xt）函数，函数中包含 2 个方程，将计算的结果返回；求解非线性方程，首先要给定初始值 xt0，然后使用 fsolve 求解方程，result = fsolve（nonlinear，xt0），求解后的结果返回给变量 result；当把 result 代

入原方程 nonliear（result），方程返回值应该为 0，即满足非线性方程组求解条件，如果不为 0，则是最优解。

17.6　思考题

1）给定 $T = T(ht, mh)$ 函数关系，已知 $ht = np.linspace(0, 25, 1)$，$mh = np.linspace(0, 4, 0.2)$，$T = exp(ht) + mh \times 1.35$ 计算对应数据，编写二维插值程序，求解任意 T（ht，mh）的值。

2）初始化一个 4×4 矩阵 A，求解矩阵 A 的逆 Ainv，并输出 np.dot（A，Ainv）的结果。

3）二阶动态系统，$\ddot{x} - 2\xi\omega\dot{x} + \omega^2 = 0$ 的动态过程，3 种情况，参数分别为 $\omega = [1, 10, 100]$，$\xi = [0.1, 0.5, 0.9]$，计算 3 种情况的 10s 的动态过程。

4）编写程序求解非线性方程组的解，非线性方程组函数定义如下：

```
def nonlinear(xt):
    dxt1=-3*math.sin(xt[1])+2*math.exp(xt[0])+1
    dxt2=math.exp(xt[0]) - math.cos(xt[1])-1
    return [dxt1,dxt2]
```

第18章

图像处理opencv

opencv – Python – api 软件包,解决计算机视觉问题,支持多种编程语言,在 Python 中实现图像处理、视频处理、双目视觉等。本章仅简单使用 opencv 的少数功能,便于我们了解 opencv 的强大功能和图像处理的效果。

18.1 安装

pip install opencv – python

测试:

```
import cv2
img = cv2.imread("E:\ziji2.jpg")
cv2.imshow("Image",img)
cv2.waitKey(0)
cv2.destroyAllWindows()
```

程序输出如图 18-1 所示。输出的图片不能过大,超出 opencv 的能力范围可能会出错。

图 18-1　图片加载

18.2   图像操作

图像读取、显示和保存：

```
import cv2
img = cv2.imread("E:\messi.jpg")
cv2.imshow("Image",img)
cv2.imwrite('messi.jpg',img)
cv2.waitKey(0)
cv2.destroyAllWindows()
```

程序说明：

Import cv2 引入 opencv 程序包。

Imread（）读取图像，给定当前项目的图像名称或绝对路径，以及打开方式参数，默认按彩色图像打开，函数返回图像对象。

Imshow（）显示图像，给定要显示的窗口名字和显示的图像对象。

Imwrite（）保存图像，给定参数图像的名字或绝对路径，图像对象。

waitKey（）等待键盘输入。

destroyALLWindows（）销毁所有的窗口。

使用 matplotlib 绘图：

```
import numpy as np
import cv2
from matplotlib import pyplot as plt
img = cv2.imread("E:\ziji2.jpg")
plt.imshow(img,cmap='gray',interpolation='bicubic')
plt.show()
```

说明：

Plt. imshow（）用于绘制图像、绘制方式、灰度图、3 次样条方式插值。

Plt. show（）显示。

程序输出如图 18-2 所示。

图 18-2　图像处理示意

18.3　视频操作

捕获视频流：cv2. VideoCapture（）从摄像机编号捕获视频流或视频流文件。

```python
import cv2
cap = cv2.VideoCapture(0)
while(True):
    ret, frame = cap.read()
    gray = cv2.cvtColor(frame, cv2.COLOR_BGR2GRAY)
    cv2.imshow('frame',gray)
    if cv2.waitKey(1) & 0xFF == ord('q'):
        break
cap.release()
cv2.destroyAllWindows()
```

说明：cv2. VideoCapture（）创建一个视频流对象 cap，这个函数的参数可以是视频流文件名或视频源编号，这个程序的参数是视频源编号；程序进入死循环，不断捕获视频，并将捕获的帧图像显示在窗口上，直到从键盘输入'q'键值退出死循环，然后将创建的视频流对象销毁，并将显示的窗口销毁；对于其中的 cap. read（），如果 frame 读取正确，那么返回 ret 为真，否则为假；cv2. cvtColor（）函数将图像进行色彩变换，本例是将彩色图像 bgr 转换为 gray 图像。

Cap. get（propId）函数用于返回图像属性，有 0 ~ 18 种，如 cap. get（3）与

cap. get（4）返回图像的高和宽，如果设置的话，则用 cap. set（）函数，如 cap. set（3，320）cap. set（4，240）就是设置图像显示为 320×240 的大小格式。

　　读取视频流文件，如：

```
import cv2
cap = cv2.VideoCapture('E:\IMG_0411.mov')
while(cap.isOpened()):
    ret, frame = cap.read()
    if ret :
        gray = cv2.cvtColor(frame, cv2.COLOR_BGR2GRAY)
        cv2.imshow('frame',gray)
    if cv2.waitKey(1) & 0xFF == ord('q'):
        break
cap.release()
cv2.destroyAllWindows()
```

　　说明：cap. isOpened（）用于判断视频设备是否打开，而 cap. read（）函数返回读取的 frame，并进行判断，如果 ret 是真，则进行显示，否则就执行下面的语句。

　　程序输出如图 18-3 所示。等待键盘输入数据。

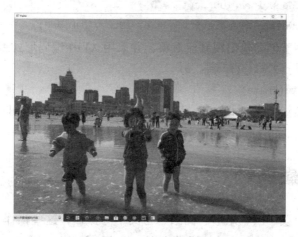

图 18-3　视频加载

　　保存视频流：cv2. VideoWriter（）用于创建 VideoWriter 对象，然后确定 FourCC 编码规则，最后是色彩标记，例如：

```
import cv2
cap = cv2.VideoCapture('E:\IMG_0411.mov')
fourcc = cv2.VideoWriter_fourcc(*'XVID')
out = cv2.VideoWriter('demo.avi',fourcc, 20.0, (640,480))
while(cap.isOpened()):
    ret, frame = cap.read()
    if ret :
        frame = cv2.flip(frame, 0)
        out.write(frame)
        gray = cv2.cvtColor(frame, cv2.COLOR_BGR2GRAY)
        cv2.imshow('frame',gray)
    if cv2.waitKey(1) & 0xFF == ord('q'):
        break

out.release()
cap.release()
cv2.destroyAllWindows()
```

程序说明：

```
fourcc = cv2.VideoWriter_fourcc(*'XVID')
out = cv2.VideoWriter('demo.avi',fourcc, 20.0, (640,480))
```

这段程序用于创建输出视频流对象，并采用 XVID 编码形式编码。

```
        frame = cv2.flip(frame, 0)
        out.write(frame)
```

对捕获的帧图像进行 flip（）操作，即倒置，然后输出到 demo. avi 文件中。程序最后将 out，cap 对象释放掉。

18.4 绘图操作

绘图包括直线、圆、矩形、椭圆、写文字等操作，这些操作对应的函数为：cv2. line（），cv2. circle（），cv2. rectangle（），cv2. ellipse（），cv2. puttext（），这些函数都要有参数，如 img 给定绘图板、color 给定绘图色彩、thickness 给定绘图线宽度、lineType 给定线性宽度等。例如：

```python
import numpy as np
import cv2

img=np.zeros((512,512,3),np.uint8)    #创建图像数组，每个元素的类型是 unin8
img=cv2.line(img,(0,0),(511,511),(255,0,0),5)        #给定对起点和终点坐标
img=cv2.rectangle(img,(200,0),(400,200),(0,255,0),3)   #给定对角线坐标
img=cv2.circle(img,(200,200),100,(0,0,255),-1)        #给定圆心和半径,-1 代表填充
img=cv2.ellipse(img,(300,300),(100,50),0,0,270,255,-1)  # 顺时针，起始角度 0，终止角度 270
度，色彩 255，-1 代表填充
pts = np.array([[10,5],[20,30],[70,20],[50,10]], np.int32)
pts = pts.reshape((-1,1,2))
img = cv2.polylines(img,[pts],True,(0,255,255))
font = cv2.FONT_HERSHEY_SIMPLEX
cv2.putText(img,'xiaozuo',(10,500), font, 4,(255,255,255),2,cv2.LINE_AA)

cv2.imshow('img',img)
cv2.waitKey()
cv2.destroyAllWindows()
```

程序说明：绘制椭圆时，给定顺时针方向，要给定起始角度和终止角度；对于绘制多点封闭多边形，需要预先设置多边形的各顶点坐标，并将坐标转换为矩阵格式，然后赋给 ploylines（） 函数输出。

程序输出如图 18-4 所示。

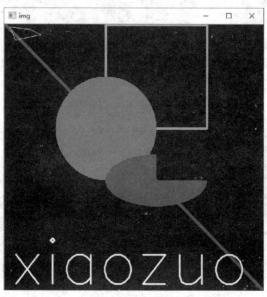

图 18-4 绘图操作

18.5 关键操作

通过上面的程序，我们可以看出，图像就是一个 numpy 数组，可以通过操纵数组的方式来处理图像，例如通过改变数组元素值的方式来修改图像像素：

```
import numpy as np
import cv2
img=cv2.imread("E:\ziji2.jpg")    #加载图像
px=img[100,100]    #获取
print(px)
img[100,100,2]
print(px)
img[10:200,70:200]=[255,255,255]    #下标范围的形式，修改一组元素的值

cv2.imshow('img',img)
cv2.waitKey()
cv2.destroyAllWindows()
```

程序输出如图 18-5 所示。图中有一个空白的矩形区域，其元素的值被程序修改。

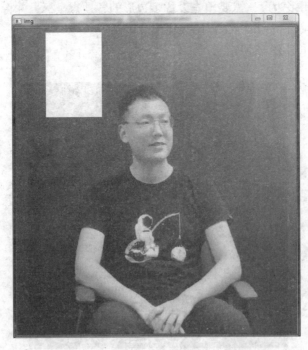

图 18-5　部分图像操作

1. 图像操作

取图像部分或图像通道等，程序举例如下：

```
import numpy as np
import cv2
img=cv2.imread("E:\ziji2.jpg")    #加载图像
b, g, r = cv2.split(img)                        #将图像分成 3 个通道的数据分离
region= g[180:210,100:130]       #将图像的部分获取
g[100:130,120:150]=region
cv2.imshow('img',g)
cv2.waitKey()
cv2.destroyAllWindows()
```

程序说明：cv2. split 用于将数组分离，而 ROI 操作可以将图像数组的区域获取。

程序输出如图 18-6 所示。

图 18-6　图像操作

2. 图像的数学操作

图像就是 numpy 数组，图像之间的操作就是 numpy 数组之间的数学操作，比如 " + " " - " 等操作。

图像相加：

$$d = \alpha \bullet img + (1 - \alpha) \times img2 + \gamma$$

其中，2 个图像叠加的参数 u 范围为 0 ~1。

例如：

```
import numpy as np
import cv2
img1=cv2.imread("E:\caoyuan.jpg")    #加载图像
img2=cv2.imread("E:\ziji2.jpg")
height,width = img1.shape[0:2]
res=img2[0:height,0:width]
dst = cv2.addWeighted(img1,0.6,res,0.4,0)


cv2.imshow('dst',dst)
cv2.waitKey()
cv2.destroyAllWindows()
```

说明：获取图片 img1 的大小，即 height，width，然后将图片 img2 进行 ROI 操作，获得新的图片 res，再使用 cv2. addWeighted（）将 2 个图片合成。

程序输出结果如图 18-7 所示。

图 18-7　图像操作

3. 图像合成的位操作

当所取图像不是矩形，尤其是不规则图形时，需要用到图像元素位操作，例如：

```
import numpy as np
import cv2
img1=cv2.imread("E:\messi.jpg")    #加载图像
rows,cols,channels = img1.shape
```

```
img2=np.zeros((rows,cols,3),np.uint8)
font = cv2.FONT_HERSHEY_SIMPLEX
cv2.putText(img2,'xiaozuo',(10,200), font, 4,(255,255,255),2,cv2.LINE_AA)


img2gray = cv2.cvtColor(img2,cv2.COLOR_BGR2GRAY)          #img2 转变灰色图
ret, mask = cv2.threshold(img2gray, 10, 255, cv2.THRESH_BINARY)  #img2 灰色图转为 2 值图
mask_inv = cv2.bitwise_not(mask)      # 然后将 2 值图进行逆,获得 mask


roi = img1[0:rows, 0:cols ]
img1_bg = cv2.bitwise_and(roi,roi,mask = mask_inv) #对图像 1 的指定区域进行 mask_inv 操作,
区域空白
img2_fg = cv2.bitwise_and(img2,img2,mask = mask)   #对图像 2 的指定区域取 mask 操作, 即留下
显示图像


dst = cv2.add(img1_bg,img2_fg)          #对 img1 背景,img2 前景进行合并
img1[0:rows, 0:cols ] = dst


cv2.imshow('res',img1)
cv2.waitKey(0)
cv2.destroyAllWindows()
```

程序说明：与操作，把指定的 mask 区域数据保留，其他区域为0；这样要指定 mask 区域，因此 mask 区域要首先构造出来或计算出来。如图 18-8 所示。

图 18-8　图像合成

18.6 图像处理

1. 色彩空间转换

cv2. cvtColor（）函数完成图像的色彩空间转换，给定转换图像，并指定转换参数，例如 cv2. COLOR_ RGB2GRAY，cv2. COLOR_ BGR2HSV 等常数，函数返回转换后的图像色彩。下面举例说明如何将图像中的蓝色区域显示出来：

```
import numpy as np
import cv2
img1=cv2.imread("E:\messi2.jpeg")

hsv = cv2.cvtColor(img1, cv2.COLOR_BGR2HSV)

lower_blue = np.array([110, 50, 50])
upper_blue = np.array([130, 255, 255])

mask = cv2.inRange(hsv, lower_blue, upper_blue)

res = cv2.bitwise_and(img1,img1, mask= mask)
cv2.imshow('res',res)
cv2.waitKey(0)
cv2.destroyAllWindows()
```

程序说明：首先将图像转换为 HSV 图，确定要取颜色值的色彩并转换为 HSV 值的范围，然后使用位操作来获取图像，并显示。

程序输出如图 18-9 所示。

2. 几何变换

几何变换包括缩放、迁移、旋转、放射型变换、远景变换等，其对应函数为：resize（），warpAffine（），getRotationMatrix2D（），getPerspective（）。

图 18-9　图像处理

```python
import numpy as np
import cv2
img=cv2.imread("E:\ziji2.jpg")
rows,cols,ch = img.shape[0:3]


pts1 = np.float32([[50,50],[200,50],[50,200]])
pts2 = np.float32([[10,100],[200,50],[100,250]])


M = cv2.getAffineTransform(pts1,pts2)


dst = cv2.warpAffine(img,M,(cols,rows))
cv2.imshow('res',dst)
cv2.waitKey(0)
cv2.destroyAllWindows()
```

　　程序说明：getAffineTransform（）函数用于图像的放射型变换、给定变换点

构成矩阵 **M**、返回变换后的图像。程序输出如图 18-10 所示。

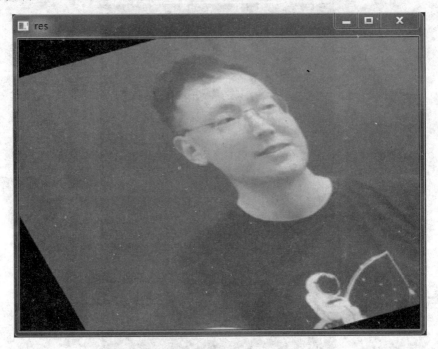

图 18-10　图像几何变换

3. 阈值处理

将图像进行 2 值化处理，有全局阈值处理、自适应阈值处理以及 otsu2 值化等方法，其中自适应阈值方法是图像可能在不同区域的亮度不一样，因此自动选择部分区域的阈值。例如：

```python
import cv2
img=cv2.imread("E:\ziji2.jpg")
ret,th1 = cv2.threshold(img,127,255,cv2.THRESH_BINARY)
cv2.imshow('res',th1)
cv2.waitKey(0)
cv2.destroyAllWindows()
```

程序输出如图 18-11 所示。

4. 图像平滑

图像平滑包括卷积、均值处理、高斯滤波、中度滤波、双边滤波等，主要是对图的噪声进行处理。例如：

图 18-11　图像阈值处理

```
import cv2
img=cv2.imread("E:\ziji2.jpg")
img=cv2.bilateralFilter(img,9,75,75)
img = cv2.GaussianBlur(img,(5,5),0)
ret,th1 = cv2.threshold(img,127,255,cv2.THRESH_BINARY)
cv2.imshow('res',th1)
cv2.waitKey(0)
cv2.destroyAllWindows()
```

　　程序输出如图 18-12 所示。

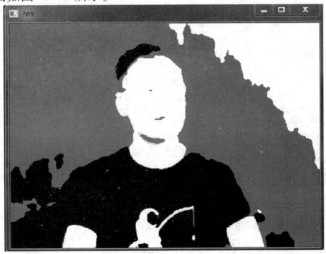

图 18-12　图像平滑

5. 形态学处理

仅针对2值图像处理，需要2个输入：图像和 kernel，诸如：erosion，dilation，opening，closing，morphological gradient，top，top hat，black hat 等操作。dilation 处理程序列举如下：

```python
import cv2
import numpy as np
import matplotlib.pyplot as plt
img2=np.zeros((120,480,3),np.uint8)
font = cv2.FONT_HERSHEY_SIMPLEX
cv2.putText(img2,'xiaozuo',(2,90), font, 4,(255,255,255),2,cv2.LINE_AA)

kernel = np.ones((5,5),np.uint8)
erosion = cv2.erode(img2,kernel,iterations=1)
dilation = cv2.dilate(img2,kernel,iterations=1)

fig, ax = plt.subplots(nrows=3)
ax[0].imshow(img2)
ax[1].imshow(erosion)
ax[2].imshow(dilation)

plt.show()
```

程序说明：使用图像的绘图写字方式创建一个2值图像，针对2值图像进行 Erosion 和 Dilation 操作，然后将3个图像采用 Matplotlib 的方式显示出来。如图 18-13 所示。

6. 边界探测

canny edge detection。

```python
import cv2
import numpy as np
import matplotlib.pyplot as plt
img=cv2.imread('E:\ziji2.jpg')
edges = cv2.Canny(img,100,200)     #canny 边界探测法
plt.subplot(121),plt.imshow(img,cmap = 'gray')
plt.subplot(122),plt.imshow(edges,cmap = 'gray')
plt.show()
```

程序输出如图 18-14 所示。canny（）函数的参数有3个。

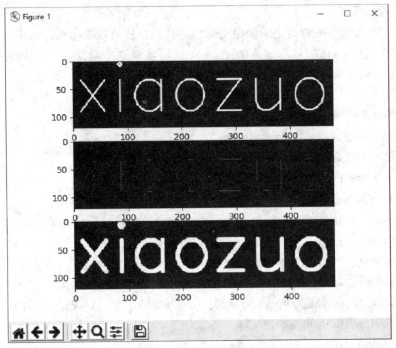

图 18-13　图像处理示意图

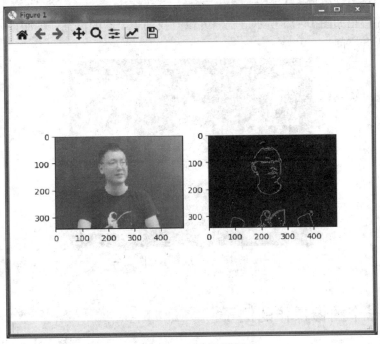

图 18-14　边界探测

7. 模板匹配

在一张大图中搜索指定的模板图像，并找到位置。仅简单滑动搜索，并提供多种比对方式，函数 cv2. matchTemplate（）可实现这个功能。当找到匹配图像后，cv2. minMaxloc（）函数确定位置，并返回搜索到的位置。例如：

```python
import cv2
import numpy as np
img_rgb = cv2.imread('E:\messi4.jpg')
img_gray = cv2.cvtColor(img_rgb, cv2.COLOR_BGR2GRAY)
template = img_gray[0:120,0:120]
w, h = template.shape[::-1]
res = cv2.matchTemplate(img_gray,template,cv2.TM_CCOEFF_NORMED)
threshold = 0.99
loc = np.where(res >= threshold)
for pt in zip(*loc[::-1]):
    cv2.rectangle(img_rgb, pt, (pt[0] + w, pt[1] + h), (0,0,255), 2)
cv2.imshow('multipoint',img_rgb)
cv2.waitKey()
cv2.destroyAllWindows()
```

程序输出如图 18-15 所示。程序并没有找到 4 个球的位置，说明该方法还有很大的提升空间。

图 18-15　搜索示意图

18.7 一个图像操作的例子

程序基本要求：期望加载一个图像，然后进行缩比后，将图像像素变为灰色

图，像素值用 0~9 符号化后，输出到文件中。程序中加载的图片 dili. jpg 可以是
任意图片。

```python
import cv2
import numpy as np

img = cv2.imread("E:\dili.jpg")   #加载图像

scale_percent = 100*172/img.shape[1]   #缩比百分比
width = int(img.shape[1] * scale_percent / 100)    #缩比后图像宽
height = int(img.shape[0] * scale_percent / 100)     #缩比后图像高
scale = (width, height)      #
# resize image
resized = cv2.resize(img, scale, interpolation=cv2.INTER_AREA) #缩比

cv2.imshow("Image",resized) #显示
resized = cv2.cvtColor(resized, cv2.COLOR_RGB2GRAY)    #色彩转换灰色图

w=resized.shape[1]
h=resized.shape[0]
print("resized img width is {} and height is {}".format(h,w))
dn=np.arange(h*w).reshape(h,w)   #numpy 数组创建，大小与缩比图像一致

for i in range(h):
    for j in range(w):
        re=resized[i,j]
        dn[i,j]=re/26       #获取图像像素值，并符号化 0~9

f=open('img.txt','w')   #打开文件
for i in range(h):
    for j in range(w):
        f.write(str(dn[i,j]))     #保存数据到文件
    f.write('\n')
f.close()

cv2.waitKey(0)
cv2.destroyAllWindows()
```

程序说明：此程序加载一个图像，然后给图像进行了缩比，再给缩比的图像的色彩转换为灰度图，最后将转换后的图像保存到一个 numpy 数组中。再对数组处理，之后将数据保存到文件 img. txt 中。

这一系列操作涉及图像加载、图像属性获取、图像缩比操作、图像色彩转换、图像像素操作、像素转换和文件数据存取等。

程序运行后生成的文件如图 18-16 所示。

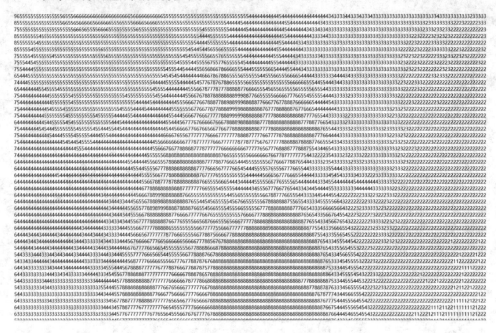

图 18-16　图片处理后的部分数据

18.8　思考题

1）如何加载和显示图像？如何简单地处理图像？比如滤波、2 值化。

2）如何加载视频流？如何截取视频流的图像？

3）如何合成 2 张图片？图像倒置怎么处理？扭曲图像怎么处理？